コア講義 分子遺伝学

田村隆明 著

裳華房

Essentials of Molecular Genetics

by

TAKA-AKI TAMURA   Ph. D.

SHOKABO

TOKYO

〈出版者著作権管理機構 委託出版物〉

まえがき

　基礎生物学のそれぞれの分野の必須項目を，漏らさず，かつ平易に解説する目的で刊行してきた初学者のための教科書「コア講義」シリーズも，今回の刊行で4冊目となった．本書『コア講義 分子遺伝学』は既刊書『コア講義 分子生物学』の中の，癌などの医学的内容や，発生・分化に関する内容を最小限にとどめ，遺伝子の構造－挙動－発現といった分子遺伝学領域に焦点を絞って作成されたものである．分子遺伝学は細菌遺伝学と遺伝子の生化学を併せた形で発展してきたが，この学問領域こそ生命科学の根幹をなす重要な領域なのである．そのような観点も含め，今回 分子生物学の中から分子遺伝学を抽出し，それを充実させる形で本書が出来上がった．

　本書は遺伝の基本的事項，遺伝子の複製，DNAの変異・損傷・修復，そして転写と翻訳からなる遺伝子発現，さらには細菌や真核生物に特有な遺伝的要素やその駆動システム，そして分子遺伝学を支えた技術とその成果などを系統的に扱っている．近代のノーベル賞の対象の多くは分子遺伝学領域から出ているが，本書でもそれらトピックスについては極力紹介した．分子遺伝学は決して過去の学問ではなく，本質的な部分に関しては未知の領域が数多く残っており，今なお重要な発見が，真核生物だけではなく，細菌を用いた研究からももたらされ続けている．本書がきっかけとなって読者諸君の分子遺伝学に対する興味が広がり，生命現象の真髄と未だ明らかにされていない問題点を感じとる事ができれば，著者としてそれに勝る喜びはない．

　最後に，本書を含め，「コア講義」シリーズを世に送り出して頂いた裳華房の筒井清美，野田昌宏の両氏にこの場を借りて改めてお礼申し上げます．

平成26年9月

爽やかな初秋の西千葉キャンパスにて

田 村 隆 明

目　次

　分子遺伝学とは ……………………………………………………… 1

1　生物の特徴と細胞 ─────────────────── 2
　1・1　生物は細胞を単位として増える ………………… 2
　1・2　生物を分類する ……………………………………… 3
　1・3　大腸菌 ………………………………………………… 5
　1・4　真核細胞 ……………………………………………… 8

2　分子と代謝 ──────────────────────── 10
　2・1　元素と原子 …………………………………………… 10
　2・2　分子 …………………………………………………… 10
　2・3　代謝 …………………………………………………… 13

3　遺伝と遺伝子 ─────────────────────── 17
　3・1　遺伝を科学したメンデル …………………………… 17
　3・2　非メンデル遺伝 ……………………………………… 19
　3・3　細菌の遺伝 …………………………………………… 21
　3・4　遺伝物質の探究：その歴史的経緯 ………………… 22
　3・5　遺伝子の挙動 ………………………………………… 24
　3・6　遺伝子とは何かについて考える …………………… 27

4　核酸の構造 ──────────────────────── 30
　4・1　ヌクレオチドの構造 ………………………………… 30
　4・2　DNA 鎖の形成：リン酸ジエステル結合 ………… 32
　4・3　DNA は二重らせん構造をとる …………………… 33
　4・4　RNA の構造 ………………………………………… 34
　4・5　塩基の化学修飾 ……………………………………… 35
　4・6　二本鎖形成状態を変化させる ……………………… 36
　4・7　DNA の超らせん構造とトポイソメラーゼ ……… 39

5　DNA の合成・分解にかかわる酵素とその利用 ─── 41
　5・1　複製に関与する DNA ポリメラーゼ ……………… 41
　5・2　複製以外で働く DNA ポリメラーゼ ……………… 44
　5・3　DNA を分解する酵素 ……………………………… 46
　5・4　制限エンドヌクレアーゼ「制限酵素」…………… 47

5・5　試験管内 DNA 合成反応 …………… 48
　　5・6　DNA シークエンシングと DNA 断片分析 ………… 51

6　複製のしくみ ─────────────── 53
　　6・1　複製の概観 ……………………… 53
　　6・2　細菌における複製の開始 …………… 55
　　6・3　複製の進行 ……………………… 57
　　6・4　線状 DNA 複製の末端問題 …………… 61
　　6・5　真核生物染色体の末端：テロメア …… 61
　　6・6　真核細胞での複製とその調節 ……… 63

7　DNA の組換え，損傷，修復 ─────── 65
　　7・1　DNA の組換え …………………… 65
　　7・2　DNA の損傷 ……………………… 68
　　7・3　損傷 DNA の修復 ………………… 72

8　RNA の合成と加工 ────────────── 78
　　8・1　RNA を合成する：転写 …………… 78
　　8・2　転写の開始機構 ………………… 80
　　8・3　転写伸長と終結 ………………… 82
　　8・4　RNA の加工 ……………………… 83
　　8・5　RNA の移送と消長 ……………… 87
　　8・6　RNA 関連酵素 …………………… 87

9　転写の制御 ─────────────────── 88
　　9・1　転写はさまざまな様式で制御される …… 88
　　9・2　細菌の主要転写制御システム：オペロン …… 89
　　9・3　細菌がもつオペロン以外の制御系 …… 92
　　9・4　真核生物の転写制御因子 …………… 94
　　9・5　転写制御因子の作用機構 …………… 96
　　9・6　クロマチンを基盤とする転写制御 …… 99

10　RNA の多様性とその働き ─────── 102
　　10・1　RNA の種類と働き ……………… 102
　　10・2　小分子 RNA と RNA 抑制 ……… 104
　　10・3　タンパク質のように振る舞う RNA …… 107
　　10・4　RNA ワールド仮説 ……………… 108

11 タンパク質の合成 — 109
- 11・1 mRNAがもつアミノ酸コードとtRNA ………… 109
- 11・2 翻訳によってペプチド鎖がつくられる ………… 112
- 11・3 翻訳の制御と異常事態への対応 ………… 115
- 11・4 真核生物でのタンパク質の成熟と分解 ………… 117

12 真核細胞のゲノムとクロマチン — 121
- 12・1 ゲノムの構成 ………… 121
- 12・2 真核生物のトランスポゾン ………… 124
- 12・3 ゲノミクス ………… 126
- 12・4 クロマチン ………… 127
- 12・5 クロマチンの化学修飾 ………… 129
- 12・6 クロマチン制御の生物学的効果 ………… 130

13 細菌の遺伝要素 — 131
- 13・1 大腸菌のゲノム ………… 131
- 13・2 プラスミド ………… 132
- 13・3 ファージ ………… 136
- 13・4 細菌のトランスポゾン ………… 140

14 分子遺伝学に基づく生命工学 — 142
- 14・1 DNAの抽出,分離,検出 ………… 142
- 14・2 ハイブリダイゼーションによる核酸の解析 …… 144
- 14・3 タンパク質を扱う ………… 146
- 14・4 遺伝子組換え実験 ………… 147
- 14・5 多細胞生物の遺伝子改変 ………… 152
- 14・6 遺伝子組換え実験の安全性 ………… 154

  演習問題の解説,解答例 …………156
  参考書 …………162
  索引 …………163

解説

塩基配列によらずに現れる遺伝的特徴 …	20	転写翻訳共役 …………	119
DNA鎖を連結するDNAリガーゼ …	45	偽遺伝子 …………	122
次世代シークエンサー …………	51	オームとオミクス …………	127
パルス-チェイス実験 …………	58	植物感染細菌のTiプラスミド …	133
損傷耐性 …………	77	人工的につくられたプラスミド …	135
染色体にある遺伝コード …………	101	利己的DNA …………	141
クロマチンを抑制する結合性RNA …	106	S1マッピング …………	145
試験管内翻訳反応 …………	115		

分子遺伝学とは

　19世紀中頃は近代生物学の勃興期で，進化学ではダーウィン，遺伝学ではメンデルといった巨人が現れ，また化学の分野ではパスツールやワールブルグといった生化学者が活躍し，生命現象が生体物質の反応や相互作用から説明できるようになりつつあった．生物の本質的な性質には増殖と遺伝があるが，20世紀のなかば，DNAが遺伝物質であることが明らかになると，遺伝現象の全貌をDNAなどの分子を使って解明しようという機運が興った．ウィーバーやデルブリュックといった研究者らが当時の最新科学であった量子物理学の思想を取り入れ，生命現象を分子でとらえる分子生物学という新しい生物学を提唱したのは，ちょうどその頃であった．

　分子生物学は生物現象を分子の言葉で説明しようとする学問だが，その中でも生命現象の元となる部分，すなわち遺伝情報の保持と発現を扱う分野はとくに分子遺伝学といわれる．分子遺伝学は，研究が容易な原核生物の大腸菌やそこに感染するファージなどを材料に急速な進展を遂げ，複製，転写，翻訳に関する重要な成果を次々にあげた．20世紀後半，遺伝子組換えが可能になると真核生物でも分子遺伝学が行われるようになり今日に至っている．

　分子遺伝学が明らかにしたこと，それは「遺伝現象の分子機構には真核生物と原核生物との間に本質的な違いはなく，あるとすれば真核生物でより複雑化している」ということである．たとえば，原核生物では1種しかないRNAポリメラーゼが，真核生物では少なくとも3種類に分かれ，さらには充分な活性機能発現のために，基本転写因子の助けを必要とする．生物は多様性が一つの特徴であるが，分子遺伝学はむしろ生物の共通で原則的な部分を取り扱うため，材料となる生物も生物学的理解のより深まっているモデル生物が好んで使われる．

1 生物の特徴と細胞

生物は遺伝現象を伴って増殖するが，低い頻度で変異という現象も起こす．細胞は生物の必須要件であるが，核の有無によって真核生物と原核生物に分けることができ，後者はさらに真正細菌と古細菌に分けられる．これら3領域の生物には，細胞の形態と機能，遺伝子の構造や発現機構に特徴がある．

1・1 生物は細胞を単位として増える

1・1・1 生物は遺伝現象を示して自己増殖する

a. 生物は自己増殖する：生物の特徴は成長し増えること，すなわち**増殖**である．何の変化も見せない長期間休眠中の種（たね）も適当な温度と水があれば発芽・成長するし，真菌（カビなど）や細菌の胞子も同様である．微量のタバコモザイクウイルスをタバコの葉に着けると葉が枯れ，そこに増えた大量のウイルスがみられる．**ウイルス**はまさに生物的な一面をもつが，だからといってウイルスを生物とはしない．これは後述する，生物のもう一つの必須要素である細胞をウイルスはもたないということと，増えるといっても，ウイルス自身が増殖装置を完備しているのではなく，細胞の装置で増やしてもらっているためである．**自己増殖能**も生物の重要な要件である．

b. 遺伝と変異：生物の増え方には遺伝という重要な特徴がある．**遺伝**とは子が親に似ることであり，「鳶（とび）が鷹（たか）を生む」ことはない．このことは，生物には親の**形質**（形や性質）を確実に子に伝える手段があることを暗示して

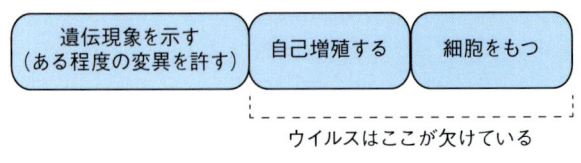

図 1・1　生物の条件

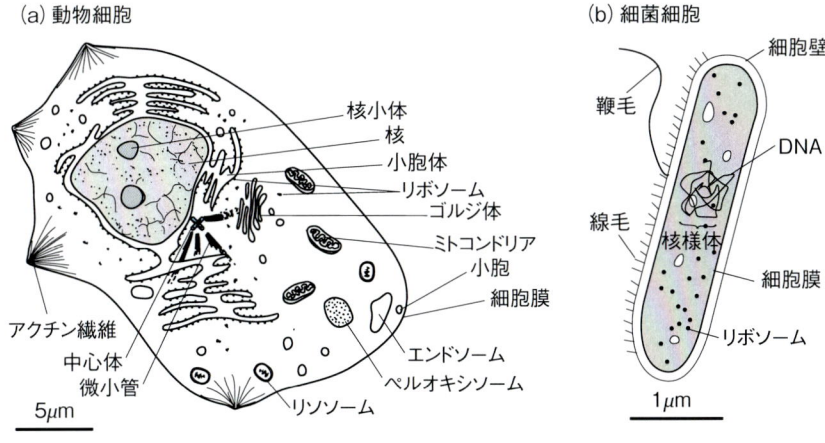

図1・2 細胞とその内部形態

いる．生物の増殖過程では時折変わり者（変異体）が出現する（例：色や形の変化した変異個体）．他方，水が蒸発している濃い食塩水中では食塩の結晶が成長・増殖するが，色や形の異なる結晶は決して現れない．変異は起こり得ないのである．**変異**を許容する遺伝が生物増殖の特徴といえ，それがあるからこそ生物は進化し，多様化するのである．

1・1・2 生物は細胞をもつ

増殖する塩の結晶や鍾乳石は直感的に無生物とわかる．なぜか？ 生物は他のものと違って柔軟な体をもつが，これは生物が**細胞**から成り立っていることと関連している．細胞は柔らかな袋のようなもので，中に水と多くの物質を含み，代謝（化学反応）や物質の移動，エネルギーの授受がみられる．個体が多数の細胞からなる多細胞生物でも，増殖という点では個体中の各細胞は自己増殖能をもっており，生命体の一つの単位ととらえることができる．

1・2 生物を分類する

1・2・1 五界説による古典的生物分類

生物の種類はわかっているものだけでも150万種以上あるが，実際はその5〜10倍存在するといわれている．生物ははじめ動物と植物に分けられたが，

表 1・1　生物の分類

2ドメイン説	3ドメイン説	五界説	代表的な生物種，分類群
原核生物	真正細菌	モネラ界	大腸菌，結核菌，放線菌，マイコプラズマ，ラン藻（シアノバクテリア）…ネンジュモ，ユレモ
	古細菌		メタン菌，高度好熱菌
真核生物	真核生物	原生生物界	アメーバ，ゾウリムシ，トリコモナス，トリパノソーマ
		菌界	ケカビ，シイタケ，酵母，アオカビ
		植物界	ワカメ，スギゴケ，ワラビ，イチョウ，サクラ
		動物界	ミミズ，イカ，クモ，カエル，サル

顕微鏡の開発により細菌や原生生物といった微生物が発見された．生物学者のホイッタッカーは生物を動物界（ハエ，マウス），植物界（コケ，コムギ），菌界（酵母，カビ，キノコ），原生生物界（アメーバ，ゾウリムシ），細菌界（モネラ界ともいう．大腸菌，ブドウ球菌）の五つの界に分けたが（**五界説**），この分類法が今でも踏襲されている．

1・2・2　真核生物と細菌類

　生物は種ごとに異なり，高度に分化・多様化しているが，細胞の生存や増殖，遺伝子の構造や発現といった本質的な部分に焦点を当てると，**真核生物**と**原核生物（細菌類）**のドメイン（領域）に大別できる（**2ドメイン説**）．真核生物は核（核膜で包まれた核）をもち，細菌類以外のすべてが入る．原核生物は単細胞で核をもたず，細胞小器官もない．酵母や原生生物は細菌と同じ単細胞微生物だが，ヒトと同じ真核生物である．真核生物は遺伝子の数やサイズが大きく，より複雑な遺伝子発現様式をもつ．

　細菌類は，一般の細菌（バクテリア）に葉緑素をもつ**ラン藻類（シアノバクテリア）**をあわせた**真正細菌**と，太古の地球環境に近い特殊な環境から発見された**古細菌（アーキア**．例：高度好塩菌，メタン菌）に分けられる．いずれも環状DNAをゲノムにもち，遺伝子数は少ない．上記のように細菌類に関しては真核生物に対比する用語として原核生物という名称も使われるが，古細菌が認知される20世紀後半以前の教科書では原核生物＝真正細菌だったため，今でもしばしば用語使用の混乱がみられる．本書では真核生物

表 1・2　3つのドメインの生物の特徴

	真正細菌	古細菌	真核生物
核（核膜）	ない	ない	ある
細胞数	単細胞	単細胞	単～多細胞
細胞分裂	無糸分裂	無糸分裂	有糸分裂
核相	一倍体	一倍体	二倍体以上[#]
細胞小器官	ない	ない	ある
原形質流動	ない	ない	ある
ゲノムサイズ（遺伝子数）	小さい（～4,000）	より小さい（500～4,500）	大きい（5,000～30,000）
DNA	環状，裸	環状，クロマチン様	線状，クロマチン
転写プロモーター	Pribnow box	TATA box	TATA box
RNA ポリメラーゼ	単純	複雑	複雑
プロテアソーム	ない	ある	ある

アミかけ部分は真核生物がもつ特徴．#：一倍体のときもある

と真正細菌を対比させる説明をしばしば行うので，真正細菌を単に細菌と記す．生物を真核生物，古細菌，真正細菌に分ける **3 ドメイン説** もある．

1・2・3　古細菌の生物学的位置

　古細菌 の形態は真正細菌と似るが，真核生物に近い部分もいくつかあり，基本転写因子や多サブユニット RNA ポリメラーゼをもったり，クロマチン様ゲノムをもつ．古細菌は無酸素状態で増殖する．そのため，太古の昔，古細菌の祖先に酸素呼吸をする好気性細菌が入り込んで真核細胞が生まれたと考えられている（**細胞内共生説**）．ミトコンドリアは入り込んだ好気性細菌の名残なのであろう．類似の機構で，真核生物にラン藻が入り込み，葉緑体となって植物が生まれたとされている．

1・3　大腸菌

1・3・1　細菌とは

　細菌 は数 μm の大きさをもち，顕微鏡を使わないと見えない．細菌の形は球菌（例：ブドウ球菌），桿菌（例：結核菌，サルモネラ菌），らせん菌とさまざまで，表面に鞭毛や線毛をもつものもある．細胞内（☞細胞質）に

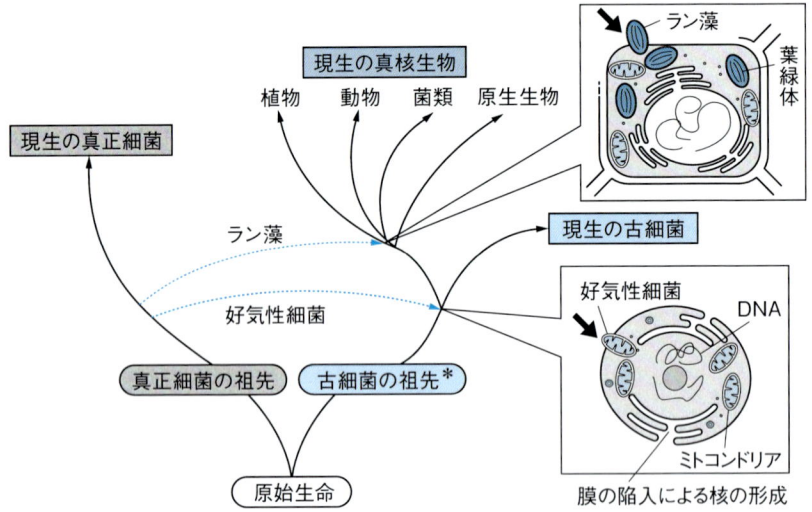

図 1・3 真核生物が生まれたメカニズム（細胞内共生説）
点線のように原核生物が入り込んだと考えられている．
＊：酸素を必要としない嫌気性の生物

はタンパク質合成にかかわる多数のリボソームとゲノム DNA があり，細胞膜の外側には多糖類と脂質を含む細胞壁がある．細胞壁の染色性の違いにより，細菌をグラム陽性菌（例：ブドウ球菌）とグラム陰性菌（例：大腸菌）に大別することができる．ただ核はないが，DNA が集合して存在するため電子顕微鏡では核様体というぼやけた構造が観察される．細菌細胞はおよそ 10 分〜1 日に 1 回の速度で，二分裂で増殖する．細菌の生理機能はきわめて多様で，酸素必要性，栄養性（化学合成や光合成で糖をつくれるかどうか），生育温度，悪環境での胞子（芽胞）形成能などはそれぞれ異なる．細菌を高温，酸／塩基，消毒薬，紫外線で死滅させることができるが（**殺菌**），芽胞も死滅させるにはすべての生命体を死滅させる**滅菌**（例：121 ℃の水蒸気で 20 分間処理する**オートクレーブ**，火炎滅菌）が必要である．

1・3・2 大腸菌：分子遺伝学研究のモデル生物

大腸菌（*E. coli*）は大腸に生息するおよそ 0.5 × 4 μm の細菌で，最も理解されている生物である．いろいろな亜種（**株**ともいう）があり，さらに表

面抗原（例：O抗原）によっても細かく分類され，病原性のものもある（例：O157）．分子遺伝学で使われるのは主にスタンフォード大学（米）で分離された **K-12** という整理番号をもつ株である．主要な菌体抗原がないために非病原性で，アミノ酸やビタミンなどを加えない最少培地でも生育でき，ファージやプラスミド（13章）を使った分子遺伝学が容易にできることから，研究の材料として世界中で使われている．約466万塩基対（bp）の環状ゲノム中におよそ4300個の遺伝子が存在する．

1・3・3　大腸菌を培養する

数種の無機塩類とグルコースを入れ，pHを7.0に合わせた**培地**をオートクレーブ滅菌し，そこに種となる菌を接種して37℃で撹拌しながら培養する．一定量の酸素があれば菌は15分に1回の速度で指数関数的（2→4→8→16……）に増殖し（この時期を**対数増殖期**という），一晩で数億個／mlまで増殖するが，栄養の枯渇などによって増殖は止まり，やがて死滅する．単に増殖させるだけの培養では，天然素材（例：酵母抽出物）を加えた栄養豊富な培地が用いられる．液体培地に熱して溶かした**寒天**を

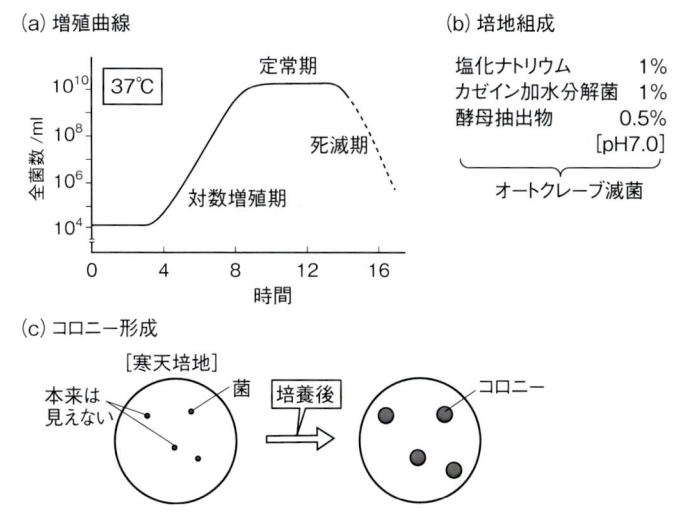

図1・4　大腸菌の増殖

加え，ペトリ皿に入れて固めた平板培地（**プレート**）は，塗り広げ培養などで使用するが，そこでは1個だった菌が一晩で目で見えるような集落（**コロニー**）を形成する．

それぞれの大腸菌株は特有の遺伝マーカー（☞獲得した遺伝形質や機能欠損など）をもつが，マーカーの中には栄養要求性，殺菌剤抵抗性，プラスミドの有無，内在するファージDNAの有無など，多くのものがある．

1・4　真核細胞

1・4・1　原核細胞とはここが違う

真核細胞は細胞膜に包まれ，内部には細胞小器官が多数浮遊している細胞質がある．植物や菌類などの細胞には細胞膜の外側に細胞壁がある．細胞の大きさは通常10〜100 μm であるが，細胞小器官の大きさは細胞によらずほぼ一定である．**核**は細胞中央に1個あり，核膜に包まれた構造をもち，内部は染色体とタンパク質の複合体である**クロマチン**で満たされている．核膜には多数の孔（核膜孔）があり，RNAやタンパク質の輸送路になっている．**ミトコンドリア**は自前の環状DNA（遺伝子を含む）をもち，ATP産生などを行う．自前DNAは植物細胞の葉緑体にもある．小胞体は核と連なる迷路のような袋状構造で，表面にリボソームをもつ粗面小胞体ともたない滑面小胞体がある．細胞小器官にはこのほか，タンパク質の化学修飾や分配に関与するゴルジ体や物質の消化にかかわるリソソームなど，多くのものがある．真核細胞内にはこのほかにも，細胞骨格や運動にかかわるタンパク質も多数あるが，これらタンパク質による原形質流動や細胞運動，細胞内物質輸送などは真核生物特有の現象である．

1・4・2　酵母の有用性

酵母とは単細胞菌類の総称だが，分子遺伝学で使われるものは主に出芽で増える**出芽酵母**（*Saccharomyces cerevisiae*☞パン酵母やビール酵母）である．無性生殖，有性生殖どちらでも増え，さらに一倍体でも増える．ゲノムサイズは約1200万bp，遺伝子数は約5500と，真核生物では最も小さい部類である．簡単な成分の培地で培養でき，プラスミドやトランスポゾンを

使った遺伝子操作，顕微鏡下での胞子の取り分けが可能である．さらに，多くの変異株が使えるなどの利点もあり，分子遺伝学ではよく使われ，真核細胞における大腸菌のような地位を占めている．**分裂酵母**（*Schizosaccharomyces pombe*）は二分裂で増える別種の酵母である．

1・4・3　動植物細胞を培養する

　線虫，ショウジョウバエ，マウスといった多細胞動物は，全身レベルの高次機能（例：免疫，神経機能）や発生・分化といった研究の材料としては有用だが，全身統御システムが複雑で，世代時間（☞生まれてから次世代個体をつくるまでの時間）が長いため，細胞の基本機能を扱う分子遺伝学には適さない．そこでとられる方法が，細胞を培養する**細胞培養**である．組織の細胞を消化酵素のトリプシンで処理して分散させ，それを必要な養分（例：増殖因子，アミノ酸，グルコース，無機塩類）の入った培地の中で増殖させることができる．細胞は 12〜24 時間ごとに分裂・増殖する．植物の細胞も同様に増殖させることが可能だが，はじめる前に，酵素で細胞壁を壊し，細胞をバラバラにする必要がある．植物は分化の全能性があるため，どのような組織の細胞からでも分化培地に移して個体をつくることができる．

演習
1. ウイルスの生物的な面，非生物的な面をあげなさい．
2. 細菌（真正細菌）細胞と真核細胞の構造上の相違点をあげなさい．
3. 大腸菌，とくに K-12 株が分子遺伝学研究のモデル生物としてよく利用される理由とはなにか．
4. ヒトの細胞の細胞分裂で，染色体を引っ張る紡錘糸の働きを抑える薬剤を大腸菌に作用させたが，大腸菌は普通に分裂した．なぜか．
5. 滅菌とは何で，どのような方法があるか．

2 分子と代謝

　物質はさまざまな種類の原子が共有結合で結合した分子を基本に作られるが，生体分子の多くは炭素を含む有機物で，糖，脂質，タンパク質，核酸などが存在する．生体化学反応：代謝は酵素によって効率的・特異的に進められるが，DNA合成などの吸エルゴン反応ではさらにATPなどの高エネルギー物質も必要である．

2·1 元素と原子

　物質はさまざまな**元素**からできており，細胞には酸素［O］，炭素［C］，水素［H］，窒素［N］，リン［P］など，20数種類の元素が含まれる．元素の構造単位は，プラス（正）電荷の陽子と電荷をもたない中性子が強固に結合した原子核の周りに，マイナス（負）電荷をもつ**電子**が取り巻く**原子**である．異種電荷は引き合い，同種電荷は反発し合う．原子内の電荷は釣り合ってゼロになっている．電子は出たり入ったりする場合があり，**イオン**となる（それぞれ陽イオン，陰イオン）．原子の質量を**原子量**というが，炭素12：^{12}C ＝ 12.0 Da（ダルトン）が基準となる．ある種別の元素でも中性子数が異なるものを**同位元素**というが，原子核が不安定な同位元素は放射線を出して原子核崩壊するので**放射性同位元素**［**RI**］とよばれる．分子遺伝学研究では安定で重い同位元素（例：^{15}N）やRI（例：^{32}P，^{35}S，^{14}C，^{3}H）がよく使われる．

2·2 分子

2·2·1 分子とは

　複数の原子が結合したものを**分子**といい，物質の基本単位となる．異なる元素で構成される分子は**化合物**という．原子同士は原子核が電子を分かち合う**共有結合**という形式で強く引き合っており，簡単には離れない．分子構造を表す場合，共有結合は元素記号を結ぶ短い線で表される．分子の質量を示

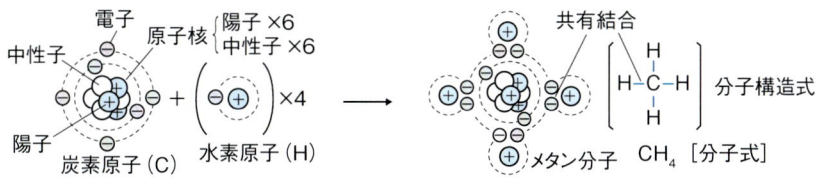

図2·1 原子，分子，共有結合

す**分子量**は原子量の総和となるが，^{12}C を 12 とした相対値で表すため，単位は付けない．

炭素を含む化合物を**有機物**という（単体の炭素，一酸化炭素，二酸化炭素は除く）．有機物の炭素の起源は植物が光合成した糖なので，有機物は生物に関連して存在するといえる．分子量約10000を境に分子は**高分子**と**低分子**に分けることができるが，高分子は低分子が多数共有結合した**重合分子**（ポリマー）である．アミノ酸やヌクレオチドの高分子はそれぞれタンパク質と核酸である．重合度の少ないものは**オリゴマー**という（オリゴ [oligo]：少ない）．

2·2·2 分子に存在する弱い力

分子骨格は上記の共有結合でつくられるが，それ以外の分子間あるいは分子内相互作用（引力と斥力）には弱い相互作用がかかわり，いずれも電子の

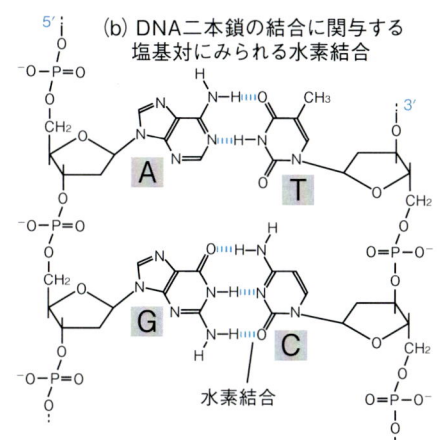

(a) 相互作用の役割
① 分子の形を作る
（例：タンパク質の二次，三次構造）
② 安定な複合体分子の形成
（例：サブユニットからなるタンパク質，金属を含むタンパク質，DNAの二本鎖形成）
③ 一時的結合による調節作用の発揮
（例：転写調節タンパク質とDNA，タンパク質とその分子形を変える分子シャペロン）

(b) DNA二本鎖の結合に関与する塩基対にみられる水素結合

水素結合

図2·2 分子の形成，形態にかかわる弱い相互作用

状態に依存して発生する．**弱い相互作用**には**イオン結合**（陽／陰イオン同士が結合），**水素結合**（正電荷を帯びた水素原子が酸素原子や窒素原子と結合），**疎水性相互作用**（水中にある分子が，分子の疎水性部分を接するように集まる），**ファン・デル・ヴァルス力**(りょく)（原子間にある普遍的相互作用）がある．いずれの相互作用も，加熱やある種の物質の影響で簡単に壊れ，水素結合は水素結合をつくる試薬（例：尿素，ホルムアミド）でも壊れる．弱い結合力は分子形の決定や，複合体分子の形成（例：複数のタンパク質が集まってできる巨大タンパク質の形成），調節因子などにみられる一時的な結合（例：DNAに結合する転写調節タンパク質）などにかかわる．

2・2・3　分子の物理化学的性質

分子には水に溶けやすい親水性分子と油に溶けやすい疎水性分子があるが，これには分子の極性（電子分布の偏り）が関係する．親水基と疎水基があるため水と油の両方になじむ両親媒性分子もある（☞界面活性剤など）．分子が水酸基（ヒドロキシ基）やカルボキシ基，リン酸基をもつと，そこの水素原子が電子を失った**水素イオン**となって離れ，残された部分は負電荷を

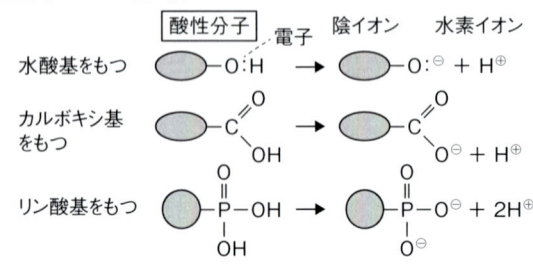

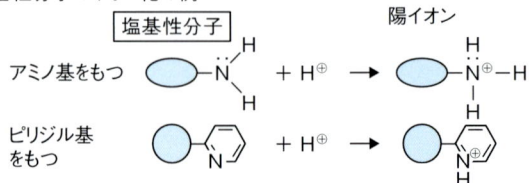

図2・3　分子が水に溶けてイオン化する場合がある

もつので，分子は陰イオンとなる．アミノ基は逆に水素イオンがそのまま結合して，電子不足の陽イオンになりやすい．水素イオンを放出する分子を**酸性分子**，取り込む分子を**塩基性分子**という．

2・2・4　主要生体分子

生体分子の中には水，酸素，無機塩類といった無機物もあるが，大部分は有機物であり，それらは構造と機能の面でいくつかに分類される．**糖**は多くの水酸基があるので水によく溶け，エネルギー源（例：グルコース）や核酸の成分（例：リボース）になり，また重合して少糖や多糖となる．有機溶剤に溶ける性質をもつ**脂質**には脂肪酸，中性脂肪，コレステロールなどが含まれ，エネルギー源になるほか，調節物質などとしても働く．**タンパク質**は20種のアミノ酸（表11.1）が遺伝情報に従って重合した高分子で，生体内では酵素，ホルモン，運動など，多くの機能を発揮する．**核酸**（DNAとRNA）はヌクレオチドの重合した高分子である．タンパク質とあわせ，**情報高分子**という場合がある．

2・3　代謝

2・3・1　代謝と酵素

生体内で起こる化学反応を**代謝**というが，そのほとんどは生体触媒である

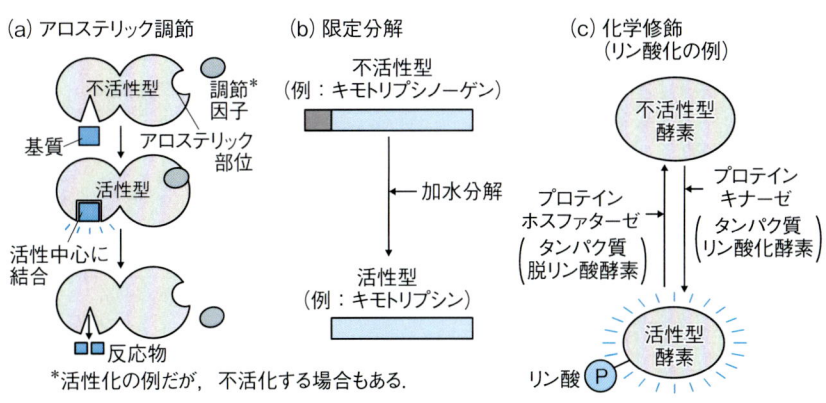

図2・4　酵素活性調節の例

酵素の作用により，常温で効率的に進む．酵素の種類は非常に多いが，酸化還元酵素，加水分解酵素，転移酵素，脱離酵素，合成酵素（リガーゼ），異性化酵素に分類される．金属触媒と違い，酵素は基質と特異的に結合する**基質特異性**を示す．酵素が反応を特異的に調節することから，細胞内の酵素量や酵素活性の調節は代謝調節に直結し，遺伝子の複製や発現にもこのような酵素の調節が深くかかわっている．

2·3·2 代謝とエネルギー

代謝は**同化**（合成代謝），**異化**（分解代謝）などに分けられる．代謝を分子のエネルギー（自由エネルギー）に着目して考えた場合，分子量のより大きな（＝エネルギーレベルの大きな）ものを合成する反応にはエネルギー供給が必要で，**吸エルゴン反応**という．逆に分解反応のように反応後のエネルギー状態が下がるものは**発エルゴン反応**という．発エルゴン反応は自発的に進むが，吸エルゴン反応（例：DNA 合成，酢酸＋ CoA →アセチル CoA）の進行には充分なエネルギーの供給が必要である．

吸エルゴン反応に必要なエネルギーは**高エネルギー物質**の加水分解によって供給される．高エネルギー物質はリン酸を含む化合物で，リン酸基の加水分解で大きなエネルギーが放出され（発エルゴン反応が起き），それが吸エルゴン反応に利用される．高エネルギー物質にはアセチル CoA，クレアチンリン酸などもあるが，細胞に普遍的で基本的なものは **ATP**（アデノシン三リン酸）である．ATP のリン酸が 1 個とれた ADP，あるいは 2 個とれた

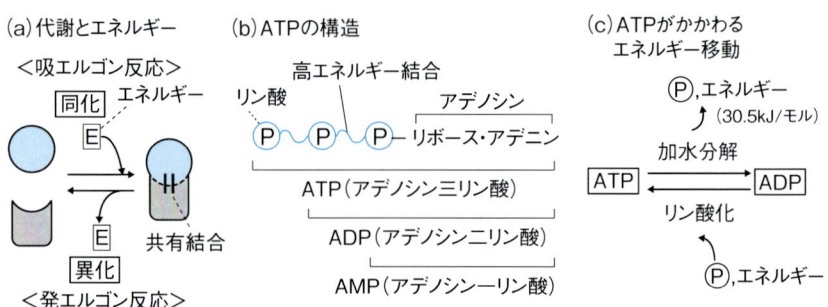

図 2·5　代謝におけるエネルギーの利用と ATP

AMPになることにより，大きな自由エネルギーが発生する．これらのエネルギーは物質合成，運動／輸送，分子形変換，発光などに使われる．

2・3・3　エネルギー代謝

エネルギー代謝には解糖系，クエン酸回路，酸化的リン酸化などがある．ATPはまず**解糖系**によるグルコースの異化過程でつくられる．酸素があると，解糖系基質のピルビン酸がミトコンドリアに入り，**クエン酸回路**でさまざまな基質に変換されて**還元型補酵素**（例：NADH）などがつくられる．還元型補酵素の水素が水素イオンと高エネルギー状態の電子に分かれ，電子は**電子伝達系**を経ることでエネルギーを放出し，このエネルギーが最終的にATP合成に使われる（**酸化的リン酸化**）．植物には光合成でATPをつくる光リン酸化という機構もある．

2・3・4　ヌクレオチド代謝

a. 新生合成：核酸合成の基質はペントースリン酸回路という糖代謝系でつくられた**リボース-5-リン酸**が出発物質となる．ここにリン酸が結合したホスホリボシルピロリン酸［**PRPP**］上でアミノ酸などを材料に塩基が構築されて最初の**ヌクレオチド**ができる．プリンヌクレオチド合成では**ヒポキサンチン**（HP）を塩基にもつイノシン一リン酸（IMP）ができ，これが塩基修飾，リン酸化，還元などを経てATP, GTP, dATP, dGTPができる．ピリミジンヌクレオチド合成ではまずオロチジル酸を経てウラシルをもつウリジン一リン酸（UMP）ができ，最終的にCTP, UTP, TTP (dTTP), dCTPができる．チミンヌクレオチド合成の最初の反応ではチミジル酸合成酵素が使われる．

b. 異化と再利用：まず核酸がヌクレオチドに分解され，さらに塩基が切り取られ分解・排泄される（☞プリン塩基は尿酸に，ピリミジン塩基は二酸化炭素とアンモニアになる）．細胞には塩基が分解される前に再利用する経路があるが，プリン塩基では**HGPRT**という酵素とPRPPによるHP→IMPとグアニン→GMP代謝が重要である．チミンはチミジン合成酵素でチミジンになった後，**チミジンキナーゼ**（TK）でTMPとなる．

c. HAT培地：HATとはHP，**アミノプテリン**（AP），チミジンを含む培

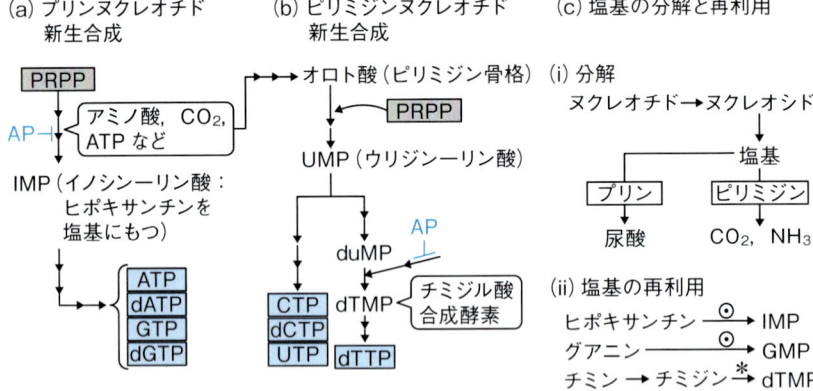

図2·6 ヌクレオチドに関する代謝

地の略称である．APは抗癌剤にもなるヌクレオチド合成阻害剤で，プリンヌクレオチド新生合成ではPRPPからIMPができる過程を阻害し，チミンヌクレオチド合成系ではチミジル酸合成過程を阻害する．このためAPはヌクレオチド合成を阻害して細胞を殺すが，HPを加えるとヌクレオチド再利用系でIMPができ，またチミジンを加えるとTKによってTMPもでき，TTP合成が可能となり，結果，細胞は生存できる．TK欠損細胞（TK⁻細胞）はチミンヌクレオチド合成の欠陥をカバーできずHAT培地中で死滅する．HAT培地はTK遺伝子が入ったTK⁻細胞を残すのに使われる．

演習
1. DNAなどを核酸というが，なぜ酸なのか．水に溶けたDNAは電気的にどのような性質を示すか．
2. タンパク質と核酸を併せて情報高分子というのはなぜか．
3. 生体が高エネルギー物質のATPを生み出す機構には大きく三つある．それについて説明しなさい．
4. 細胞（核）を含む食品を摂取し過ぎると血中の尿酸値が上がって痛風になりやすいが，その理由をヌクレオチド代謝の観点から説明しなさい．

3 遺伝と遺伝子

　遺伝はメンデルの法則に従い，基本的にはゲノムにコードされた遺伝子の発現により起こる．遺伝物質 DNA の機能は RNA の合成，あるいは RNA からさらにタンパク質が合成される遺伝子発現によって発揮される．生物にはゲノム以外の遺伝要素やクロマチン修飾などがかかわる非メンデル遺伝といった現象もみられる．

3・1　遺伝を科学したメンデル

3・1・1　メンデルによる遺伝の法則の発見

a. 実験方法：遺伝により子は親に似るはずなのに，赤い金魚同士の交配で赤以外のさまざまな色の金魚が生まれるといったことがある．このような現象はどう考えたらよいのだろうか．遺伝現象に理論的な解釈をはじめて与えた人物は 19 世紀のなかばの生物学者，**メンデル**であった．修道士だった彼は修道院の庭にエンドウの種(種子)を植え，交配によって出現する個体の特徴を観察した．エンドウには「背が高い↔背が低い」といった**対立形質**がいくつかあるが，それぞれの純粋な系統(**純系**)同士を受粉によって交配して**雑種**，いわゆる合いの子をつくった．たとえば丸い種子としわの種子をつくる個体間の雑種一代目の個体では，種子はすべて丸になった．対立形質のうち雑種一代目で出現する側を優性，隠れる側を劣性というが，上の現象は**優性の法則**といわれる．メンデルは遺伝形質を決める要素を**遺伝子**(gene)と命名した．

b. 現象のとらえ方：優性個体の種子を植え，自家受粉(同個体のおしべとめしべの間の受粉)させて種子をつくると，丸としわの種子の比率が 3：1 の分離比で出現した．これを**分離の法則**という．この現象は，生殖細胞からできる**配偶子**(例：卵，精子)に，対立形質を生む遺伝子(**対立遺伝子**)の一方だけが入り，受粉／受精によって二つに戻ると考えると説明できる．

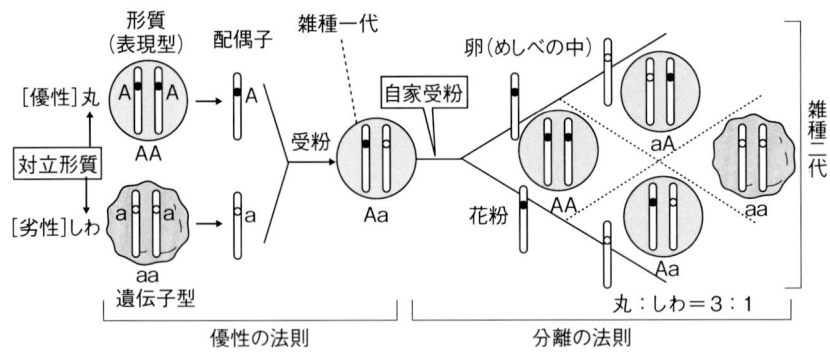

図3·1 メンデルの法則（エンドウの種子での例）

　遺伝子が消えたり新しくできたりはしない．同じ対立遺伝子をもつ個体を**ホモ接合体**，それぞれの対立遺伝子を1個ずつもつ個体を**ヘテロ接合体**という．優性遺伝子はヘテロ接合でも優性形質が出るが，劣性はホモ接合にならないと形質が出ない．真核生物は相同な染色体を2個もつ二倍体細胞で，一対の染色体上のある相同な場所（**遺伝子座**という）に対立遺伝子のいずれかをもつ．ヘテロの劣性形質は発現しないが，近親交配をくり返すと（例：自家受粉），いわゆる「血が濃くなる」という状態になり，劣性形質が出現しやすくなる．ヒトでは劣性の遺伝病として形質が出る例が多数知られている．細菌のような一倍体生物では遺伝子の優劣にかかわらず形質が直に出る．
　メンデルの法則に従う遺伝（**メンデル遺伝**）では，対立遺伝子を二対以上に増やしても，それぞれの対立遺伝子に関して分離の法則がみられる（☞**独立の法則**）．遺伝子は混ざり合ったり干渉し合ったりもしない．

3·1·2　メンデル遺伝のバリエーション

　メンデル遺伝に従うにもかかわらず，見かけ上そうならない例がある．たとえば一つの遺伝子座に3個以上の対立遺伝子（**複対立遺伝子**）が割り当てられる場合で，ABO式血液型などでみられる（☞A，B，Oの3種の遺伝子のうちOが劣性）．遺伝子座が性染色体にある場合は**伴性遺伝**となり，雌雄で形質出現様式が異なる（☞哺乳動物の性染色体はオスがXY，メスがXXなので，オスに劣性形質が出やすい）．劣性の致死遺伝子の場合はホモ接

合体が生じないように見える．優性遺伝子産物量が限定的だと，ヘテロ接合体の優性形質が部分的にしか出ず，中間雑種となる（例：赤い色素をつくる優性遺伝子をヘテロ接合でもつ個体は桃色になる）．ある遺伝子の機能発現にかかわる同義遺伝子や調節遺伝子（例：活性化遺伝子，抑制遺伝子）があると形質の出現様式は複雑化する．

3・2 非メンデル遺伝

3・2・1 細胞質遺伝

メンデル遺伝は染色体上の遺伝子を基本とするが，遺伝の中にはそれ以外の原因によって起こるものもある．そのような遺伝は細胞質内要素に起因するので，一般に**細胞質遺伝**という．

a. 真核生物：細胞質遺伝を起こす主な要因はミトコンドリア DNA にある遺伝子である．植物ではこれに加え，葉緑体 DNA に存在する遺伝子も要因となる．有性生殖にかかわる配偶子のうち**雄性配偶子**（☞精子，花粉細胞中の精核）には細胞質がごくわずかしか含まれないため，細胞質遺伝の源は細胞質を豊富にもつ**雌性配偶子**となる．このため，このような細胞質遺伝は**母性遺伝**の形式をとることが多い．これとは別に，卵細胞内に卵細胞ゲノムから発現した遺伝子産物（☞RNA やタンパク質）が不均等に蓄積し，それによって遺伝的形質の発現（例：細胞の不均等分裂）が起こる場合があ

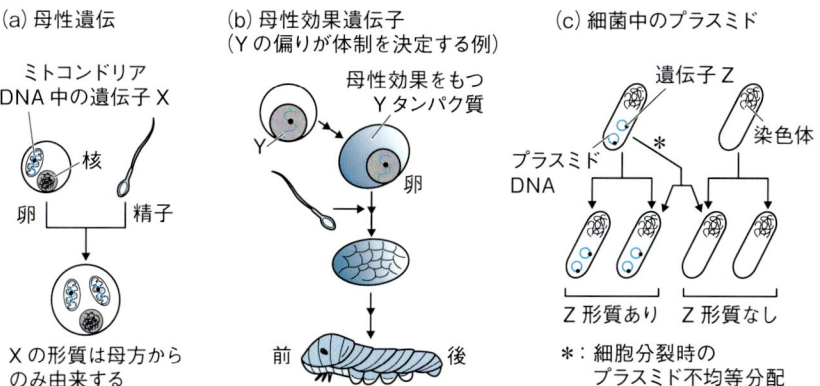

図3・2 細胞質の要因が形質に関わる例

るが，そのような産物をつくる遺伝子は**母性効果遺伝子**といわれる．受精卵細胞質中での転写因子の偏りによる細胞の極性（例：個体の前後軸や背腹軸）発現にはこの機構がかかわる．

 b. 細菌類：細菌に**プラスミド**といわれる染色体外 DNA がある場合，プラスミドに含まれる遺伝子（例：薬剤耐性遺伝子）の影響が細菌の形質として現れる（13 章）．

3・2・2 DNA の攪乱によって起こる遺伝現象

細胞にはある DNA 中から他の DNA に移動する小さな DNA があり，一般に**トランスポゾン**といわれ（7, 12 章），マクリントックによりトウモロコシで最初に発見された．移動によって侵入先の DNA／遺伝子が破壊されたり，活性化したり（☞ トランスポゾンに遺伝子発現制御配列があるため）することがあり，トランスポゾン内部に遺伝子があると，その遺伝子が受容細胞に運ばれる．転移は突発的でメンデル遺伝では予測できず，トランスポゾンには突然変異誘発因子としての意義もある．このことから，通常の突然変異（下記）も，メンデル遺伝では予測不可能だが，逆にいえば，ゲノム攪乱が起こらないことがメンデルの法則成立の条件ともいえる．

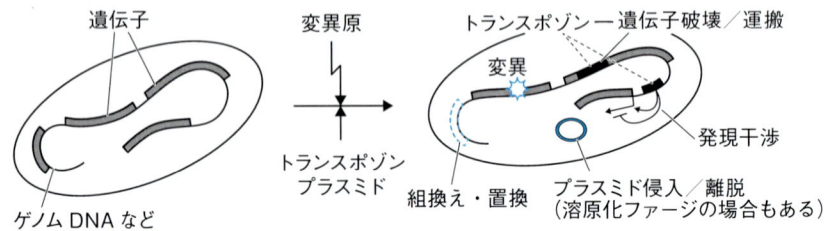

図 3・3　遺伝的攪乱の例

| 解説 | **塩基配列によらずに現れる遺伝的特徴** |

　12 章で詳しく説明するが，真核生物では DNA 塩基配列が同じでも，クロマチン形成状態の違いやクロマチンの化学修飾の違いで，異なる表現型が生じるという現象が起こる．これに起因する遺伝を**後成的遺伝（エピジェネティクス）**という．

3・3　細菌の遺伝

　分子遺伝学以前，遺伝のような高度な生命現象は高等生物特有のものであり，細菌にはないと思われていた．細菌とその天敵の**ファージ**との関係において，時としてファージ抵抗性をもつ細菌が現れることがあるが，これはファージ接触によって起こる「誘導」であり，遺伝的な変化だとは思われていなかった．この点を明らかにするため，当時アメリカの気鋭の細菌遺伝学者**ルリア**と**デルブリュック**は以下のような実験を行った．

　彼らは多数の細菌をいくつかの集団に小分けにし，各小分け群にファージを混合して一定時間置いた．その後細菌を培養し，ファージ耐性となって増えてくる細菌数を測定した．すると，ある少数の小分け試料においてのみ耐性菌が観察され，しかも耐性菌の数は小分け群ごとに違っていた．もし細菌がファージに接触した後に一定確率で耐性が誘導されるならば，出現率は一定になるはずである．彼らの実験で耐性菌の数にばらつきが出たのは，耐性菌が出現した時期が試料により異なることを意味し，しかもその耐性菌の出現はファージに接触する前に起こっていたことになる．この**揺動試験**（**ばらつき試験**）により，ファージ耐性菌は遺伝的な変異で生じたこと，つまり細菌にも遺伝が存在することが明らかになった．むろん，いったんファージ耐性になった細菌は，その後はファージなしでもファージ耐性の形質を維持し続けた．彼らの研究により細菌遺伝学がスタートし，分子遺伝学が華々しい発展を遂げる礎になったのである．

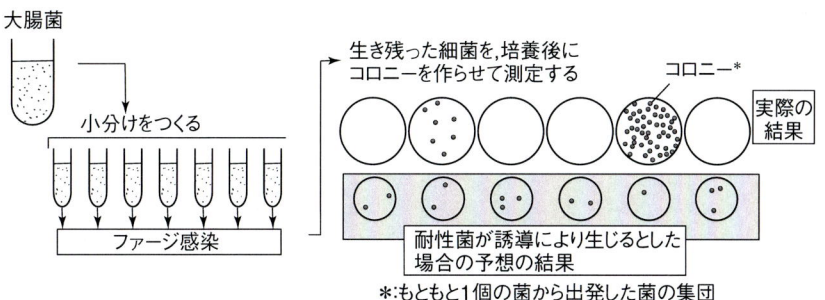

図3・4　細菌にも遺伝現象があることを示した揺動試験

3・4　遺伝物質の探究：その歴史的経緯

3・4・1　遺伝子の条件

「遺伝子は物質なのか？」など，20世紀の前半までは，遺伝子の実体に関してはまだ手探りの状態であった．ここで遺伝子の条件について考えてみよう．まず遺伝子は子孫細胞に確実・正確に伝えられるものでなくてはならない．また受精により雌雄から受け継がれるものであれば，配偶子の遺伝物質の量は体細胞の半分でなくてはならない．こう考えた場合，細胞の中では染色体がこの条件に合うことがわかり，遺伝子の**染色体説**が提唱された．事実，精子の大部分は凝縮した染色体である．

次に染色体を構成する分子について考えてみる．遺伝物質は遺伝情報を分子という形で保持できる安定な物質である必要があるが，染色体の化学分析の結果，染色体（物質的には**クロマチン**）は核酸とタンパク質からなっていることがわかった．分子としては，前者はDNA，後者はヒストンとそれ以外の少量のタンパク質であるが，とりわけDNAは安定な物質である．歴史は「遺伝子はDNAかタンパク質か」を問う段階に入っていったが，候補物質としては最初は多彩な機能をもつタンパク質に分があった．

3・4・2　"遺伝子は物質（DNA）"の証明

最初のヒントは細菌（肺炎球菌／肺炎双球菌．遺伝的に形態の異なる強毒

表3・1　近代遺伝学勃興期のトピックス

人名	できごと	時
メンデル	遺伝の法則の発見	1865年
ミーシャー	膿からの核酸発見	1869年
ド・フリス	メンデルの業績の再評価	1900年
サットン	遺伝子の染色体説	1902年
モーガン	染色体地図の作製	1913年
グリフィス	形質転換による遺伝物質の示唆	1928年
ビードルとテータム	一遺伝子一酵素説の提唱	1941年
アベリー	DNAによる形質転換実験	1944年
シャルガフ	DNA塩基組成の法則発見	1950年
ハーシーとチェイス	ブレンダー実験によるDNA＝遺伝物質の証明	1952年
ワトソンとクリック	DNA二重らせんの発見	1953年

菌と弱毒菌の2系統があり，強毒菌はマウス［ハツカネズミ］を肺炎で殺す）とマウスを使った**グリフィス**の実験から得られた．熱で殺した強毒菌と生きた弱毒菌を混ぜてマウスに注射したところ，マウスが死に，血中からは殺したはずの強毒菌がみられたのである．病原性を決める物質が存在し，それが強毒菌から弱毒菌に入ったと考えられたのであった．この現象は現在では遺伝子をもつDNAの移動で説明されているが，このようにDNAが物理的に細胞に入って細胞の遺伝的性質を変化させる現象は一般に**形質転換**という．

上の結果を受け，**アベリー**は強毒菌から得た抽出物を種々の分解酵素で処理し，それを弱毒菌と混ぜ，その後細菌を培養した．未処理では強毒菌が出現したが，DNA分解酵素で処理すると強毒菌はみられず，遺伝物質はDNAと強く示唆された．決定的な結論は大腸菌とファージを使った**ハーシー**と**チェイス**が行った実験で得られた．まずDNAをRIのリンで標識し，タンパク質をRIの硫黄で標識したファージを調製した（☞リンは主に核酸に入り，タンパク質には入らない．他方 硫黄は核酸には入らず，主にタンパク質に入る．それぞれのRIは別々に検出できる）．このファージを大腸菌に感染させた後ブレンダー（ミキサー）で細胞表面のファージをふるい落とし，

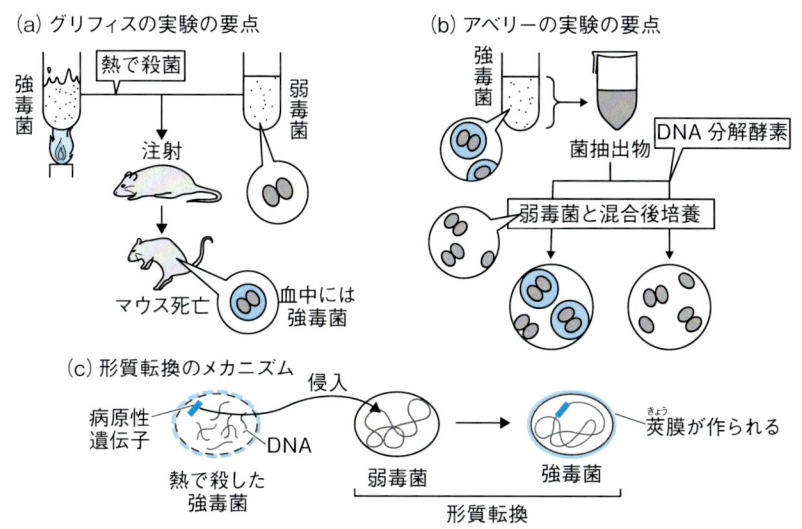

図3・5　肺炎球菌を使った形質転換実験

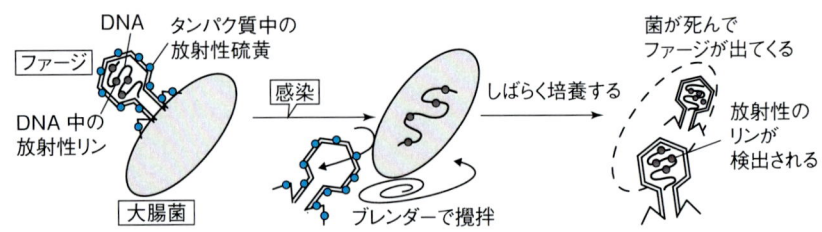

図 3・6　ブレンダー実験による DNA が遺伝物質であることの証明

細菌だけを集めて培養して子ファージを増やした．結果は，子ファージには DNA の標識が見られたが，タンパク質の標識はなかったのである．1952 年に行われたこの**ブレンダー実験**により，遺伝物質は DNA と確定された．DNA の二重らせん構造が発見される 1 年前のことであった．

3・5　遺伝子の挙動

3・5・1　連鎖と組換え

　メンデル遺伝の観点から生物を観察していると，2 つの遺伝子が独立の法則に従わず，挙動を共にして伝達されるという現象に遭遇することがある（例：ショウジョウバエの目の色と羽根の形）．この現象は二つの遺伝子座が一本の染色体上にある場合に起こるが，このような状況を**連鎖**（遺伝的連鎖）という．他方，連鎖している遺伝子が連鎖しなくなるという現象も起こる．この場合は 2 遺伝子間で**遺伝的組換え**があり，対立遺伝子の入れ替わりなどが起きたためと説明できる．遺伝的組換えは（相同）染色体間のランダムな位置で発生するため，遺伝子座の距離に比例して組換え体が生じやすくなる．このため，交雑によって連鎖している 2 個の既知遺伝子座に対する目的遺伝子座の相対位置を求めることができ，**遺伝子地図**をつくることもできる．**モーガン**はショウジョウバエを使って遺伝子地図をはじめて作製した．

3・5・2　遺伝子の相補

　同じ形質に変異をもつ真核生物の変異体の 2 個体（A と B）を交配させると（注：細胞の場合は融合させる），次世代個体が変異を示す場合と示さない場合に分かれるが，変異を示さない場合は各個体の変異はそれぞれ別の遺

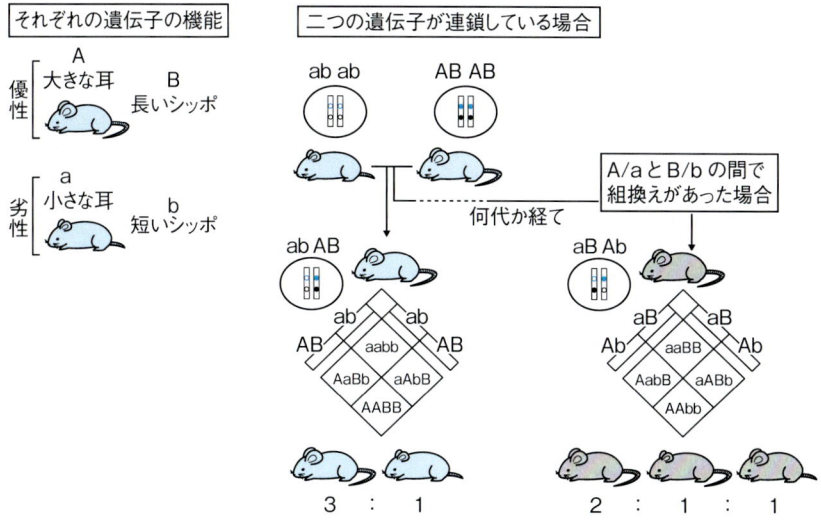

図3·7 遺伝子の連鎖と組換えがもたらす現象

伝子（aとb）の変異に起因している．この場合，形質発現にはa, b両方の遺伝子産物が必要であり，交配後の個体では細胞内にA由来染色体からは正常なbが，B由来染色体からは正常なaが供給されるので，細胞全体でみれば野生型になっている．このように変異が打ち消される現象を**相補**といい，両遺伝子は**トランス**（*trans*）の関係にあるという．

逆に交配や融合によっても変異を示す場合，両変異は相補されないといい，aとbは結局同じ遺伝子内のどこかに変異をもつことになる．このような遺伝子変異の位置関係を**シス**（*cis*）という．変異体の融合／交配や遺伝子の導入によって遺伝子の相補関係を解析することを**シス・トランス相補性テスト**といい，ある変異（例：紫外線で死にやすくなる）にいくつの遺伝子がかかわるかを知る手がかりとなる．このテストを大腸菌などのような一倍体細胞で行う場合は，プラスミドやファージを利用して対象になる遺伝子／DNAを細胞に導入して調べる．このテストで相補できるそれぞれの集団を**相補群**といい，その総和が対象とする形質発現に必要な遺伝子数に相当する．上記の例にあるヒトの紫外線感受性では7種の相補群が存在し，各相補群の遺伝子はDNA損傷修復にかかわる独自の酵素をコードすることがわかって

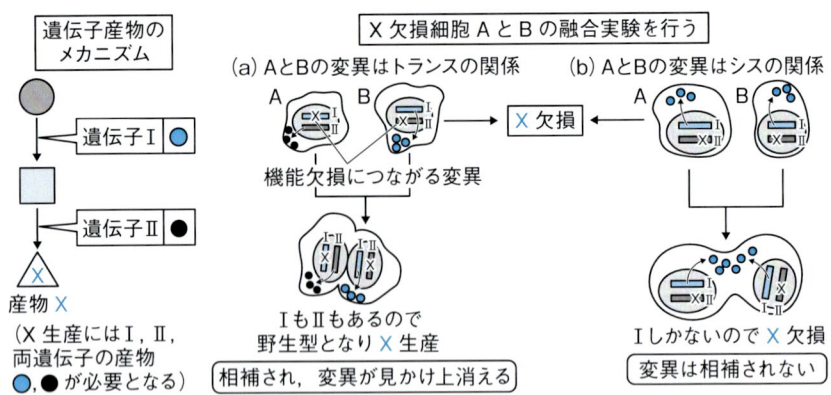

図3·8　変異の相補と遺伝子のシス・トランス

いる（7章）．遺伝子を**シストロン**（cistron）とよぶ場合があるが，これは上のようなテストをして，シスの効果を与える最大のDNA範囲（つまり一つの遺伝子）として定義される．

3·5·3　突然変異とそのタイプ

a. 突然変異とは：一般に**突然変異**は通常の形質（野生型）と異なる子が生まれる現象をいい，古典的には子孫に伝わる変異と定義される．突然変異体（**ミュータント**）は親とかけ離れた形質をもつというイメージがあるが，

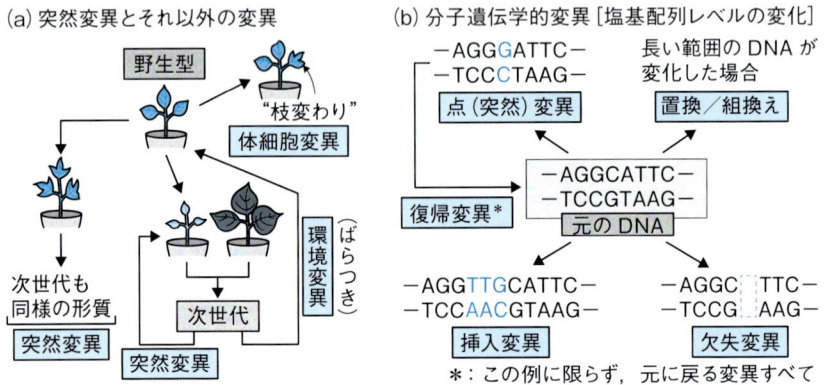

図3·9　突然変異の出現とそのメカニズム

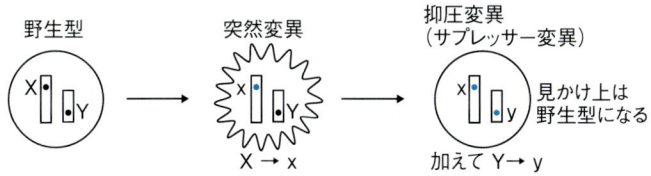

図 3・10 抑圧（サプレッサー）変異

隔たりの程度は突然変異か否かの判断には関係しない．栄養の違いによる個体サイズの違いは環境変異といい，遺伝しない．黒子（ほくろ）は細胞レベルでは突然変異だが，特定の体細胞に生じた**体細胞変異**であり，変異遺伝子が配偶子に入らない限り個体レベルでは遺伝しないため，古典的突然変異の定義からは外れる．癌細胞や四つ葉のクローバーも同様である．突然変異の分子遺伝学的な定義は「DNA 塩基配列の変化」で，通常は単に**変異**ということが多く，以下のようなタイプがある．

b. 変異のタイプ：分子遺伝学的な変異には，その規模により DNA 塩基が変化した**点変異**や，DNA の挿入や欠失（☞それぞれ**挿入変異**，**欠失変異**），あるいは一定領域が他の配列に置換した**組換え**などがある．変異を現象から分類することもできる．DNA 上の変異が遺伝子産物の機能に影響を与えない場合は変異が顕在化しない**サイレントな変異**となる．変異にはこのほか，変異した部分が元に戻るように再変異する**復帰変異**や，ある変異を抑える働きをもつ**抑圧変異（サプレッサー変異）**などもある．抑圧変異には，最初に変異した遺伝子の類似遺伝子や調節遺伝子，あるいは**サプレッサー tRNA**（☞ナンセンスコドン［11 章］に適当なアミノ酸をあてる tRNA）の発現がかかわることが多い．形質に影響を与える変異は遺伝子内部に起こるものだけではない．遺伝子外 DNA の変異は通常は形質に影響しないが，遺伝子発現調節領域などの変異が形質の変異として現れることがある．

3・6 遺伝子とは何かについて考える

3・6・1 DNA・ゲノム・遺伝子

生物は生物種固有の DNA を染色体にもち，特有の形質を示し，生存・増殖するが，このような染色体に含まれるその生物に必須で本質的な DNA の

1セットを**ゲノム**という．ウイルス核酸も便宜上ウイルスゲノムという．二倍体の生物は2個のゲノムをもち，細菌は1個のゲノムをもつが，細菌ゲノムも便宜上染色体DNAという．プラスミドのような付随的な遺伝要素はゲノムではなく，ミトコンドリアや葉緑体DNAは生物にとって重要な意義をもつものの，ゲノムではない（注：ミトコンドリアのない細胞もある）．ゲノムは遺伝子を含むが，遺伝子以外の領域もあり，他方，遺伝子はゲノム以外のDNA（例：ミトコンドリアDNA，プラスミド）にも含まれる．

3・6・2 遺伝子の概念

a. 典型的な遺伝子：遺伝学では形質を決めるものを**遺伝子**という．ビードルと**テータム**の，変異体のカビがもつ酵素の実験で提唱された**1遺伝子1酵素説**により，タンパク質を**コード**（指定）するDNAが遺伝子とされたが，分子遺伝学的にはmRNAをコードするDNAを遺伝子という．分子遺伝学の進展とともに，近年，構造解析で同定した遺伝子を破壊し，そこから形質を特定するという**逆遺伝学**も行われているが，遺伝子を破壊しても見かけ上表現型に変化が出ない場合が多々あり，古典的な遺伝子の定義とのギャップもみられる．

b. 非コードRNA遺伝子：rRNAやtRNA，近年多数同定されているmiRNAやリボザイムといった**制御RNA**や**機能性RNA**は，タンパク質をコードしない**非コードRNA**である．これらのRNAも実際には生物の形質や生存にかかわるので，広い意味では「遺伝子は機能をもつRNAをコードするDNA領域」ということができる．

c. 遺伝暗号でみた遺伝子：遺伝コードは古典的にはアミノ酸を指定するコドンである．しかし形質に決定的な役割をおよぼす発現調節領域も**制御**

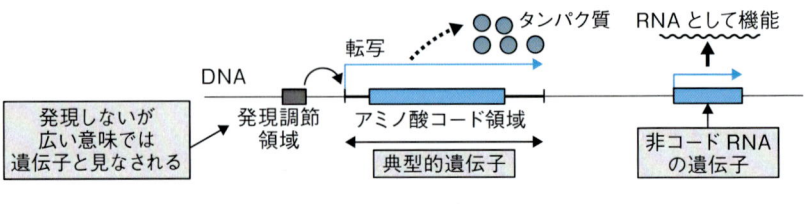

図3・11　遺伝子と見られるDNA

コードとしての遺伝コードであり，さらに遺伝子発現にかかわるクロマチン修飾（例：**ヒストンコード**）も遺伝コードである．このように細胞には3種類の遺伝にかかわる**コード**（暗号）があるといえる．発現制御にかかわるDNA配列は，RNAをコードしないが機能はもっており，広義には遺伝子と見なすことができる．

3·6·3 遺伝子発現とセントラルドグマ

塩基配列で暗号化されているDNAという「糸」にしかすぎない遺伝子は，発現することによりはじめて細胞内で意味をもつことができる．後章で詳しく述べるが，発現ではまずはDNAからRNAが転写され，タンパク質をコードする遺伝子の場合はmRNAからタンパク質がつくられる．この遺伝子発現にかかわる遺伝情報の流れの大原則を分子生物学における**セントラルドグマ**［中心命題］といい，DNA二重らせん構造を発見した人物の一人，**クリック**によって提唱された．遺伝情報の流れにはDNA→DNAという複製と，マイナーであるがRNA→DNAという逆転写も存在し，特殊な例ではある種のウイルスにみられるRNA→RNAという流れもある．

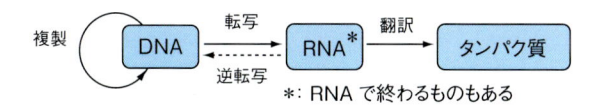

図3·12 遺伝情報の流れを表したセントラルドグマ

演習

1. ある植物の花の色には白，赤〜薄赤，黄色〜クリーム色，橙色があり，純系の赤と黄の交配では橙色，純系の黄色と白との交配ではクリーム色，純系の赤と白の交配では薄赤になる．この現象を説明しなさい．
2. 糖Xの合成に欠陥をもつ細菌に糖Xの合成にかかわる遺伝子をもつプラスミドA，またはBを形質転換させた．Aをもつ細菌はXを欠く培地でも増えたが，Bをもつ細菌は増えなかった．この理由を説明しなさい．
3. 遺伝子X内の塩基配列が変化したとき，すでにあった突然変異が消えて野生型に戻った．この現象を分子遺伝学的に説明しなさい．
4. 遺伝子内の塩基配列に無関係な遺伝現象とは何か．

4 核酸の構造

核酸は塩基，糖，リン酸からなるヌクレオチドが重合した分子で，DNAの場合はA：T，G：Cという塩基対結合で二重鎖となり，さらにその全体が右回転している．二重鎖は熱などで変性するが，徐冷すると核酸の由来にかかわりなく相補的配列があれば二本鎖となる．細胞内DNAの超らせん状態は酵素により調節されている．

4・1 ヌクレオチドの構造

核酸の構成単位は，塩基，糖（リボースかデオキシリボース），リン酸からなるヌクレオチドである．

4・1・1 塩基の名称と構造

塩基（生体塩基性物質）のうち，ヌクレオチドの材料となるものは窒素を含む複素環化合物で，プリン環あるいはピリミジン環をもつ．**プリン塩基**（R）にはアデニン（A），グアニン（G），**ピリミジン塩基**（Y）にはチミン（T），ウラシル（U），シトシン（C）が含まれる（TはDNA用，UはRNA用）．上述のかっこ内のように，塩基はアルファベット記号で略される．DNA塩基の場合，AとCにはアミノ基があるのでM，GとTにはケト基があるのでK，AとTは弱い水素結合をつくるのでW（weak），CとGは強い水素結合をつくるのでS（strong）と表記し，すべてのヌクレオチドはNで表す．この他，3種類の塩基を表す略語もある（表4・1）．塩基は窒素を含み，水素イオンを捕捉して塩基性を示す（2章）．ヒポキサンチンはプリンヌクレオチド合成の途中で出現するイノシン酸を構成する塩基である（2章）．

4・1・2 ヌクレオシドとヌクレオチド

a．ヌクレオシド：塩基は五炭糖である**リボース**か**デオキシリボース**（2-

表 4·1　DNA 用塩基の略語

略語	塩基	略語	塩基	略語	塩基
M	A, C	W	A, T	D	A, G, T
K	G, T	S	C, G	B	C, G, T
R	A, G	V	A, C, G	N (X)	A, C, G, T
Y	C, T	H	A, C, T		

A：アデニン，C：シトシン，G：グアニン，T：チミン

デオキシリボース）の 1 位の位置とグリコシド結合で結合して**ヌクレオシド**となる．ヌクレオシドの名称は A 塩基の場合はアデノシン，G ではグアノシン，T ではチミジン，U ではウリジン，C ではシチジンと，塩基名に関連して付けられている．塩基や糖の位置には番号がついているが，ヌクレオシドとなった場合は，塩基と区別するため，糖位置の数値にダッシュを付け，1′〜5′とよぶ（注：ダッシュはプライムとも呼称する）．

b. ヌクレオチド：ヌクレオシド 3′ 位にある −OH 基は，5′ 位の**リン酸基**[$(OH)_2P(=O)-$] の −OH との間で水が除かれる形で結合する．リン酸のついたヌクレオシドを**ヌクレオチド**というが，リン酸は連続 3 個まで結合することができる．1 個（**M**ono），2 個（**D**i），3 個（**T**ri）のリン酸（**P**hosphate）

(a) ヌクレオチドの構成成分
(b) 塩基の構造

プリン塩基
アデニン　グアニン

ピリミジン塩基
シトシン　ウラシル　チミン

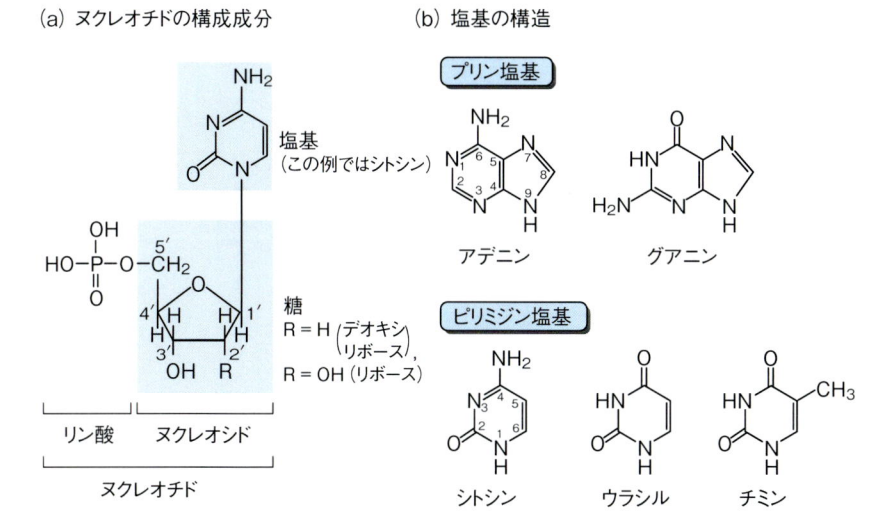

図 4·1　ヌクレオチドと塩基

をもつヌクレオチド（各々一リン酸，二リン酸，三リン酸）は上記略語を使い，それぞれ MP，DP，TP と略される．以上を踏まえ，ヌクレオチド名をヌクレオシドとリン酸数の略語を組み合わせて表現することができ，アデノシン三リン酸は **ATP**，デオキシグアノシン一リン酸は dGMP と書かれる．チミジンはデオキシしかないので単に TTP などとも表記される．

4・2　DNA 鎖の形成：リン酸ジエステル結合

ヌクレオチド中の糖 3′ 位の -OH と他のヌクレオチドの 5′ 位のリン酸基は，水が除かれる形の結合（脱水縮合）で連結することができる．さらに結合したヌクレオチドの 3′ 中の遊離の -OH が，別のヌクレオチドの 5′ にあるリン酸とやはり再度脱水縮合で結合することができる．この反応が次々に起こることで，ヌクレオチドが糖の 3′ の方向に向かって伸長する．この反応の連続によってできたヌクレオチド多重合分子，すなわちポリヌクレオチドが DNA である．重合度がおよそ 100 個以下のものは**オリゴヌクレオチド**という．リン酸と糖の間の結合様式：**リン酸ジエステル結合**（☞ -O-：エステル結合が 2 個できる）は回転可能な柔軟な構造で，これにより DNA が

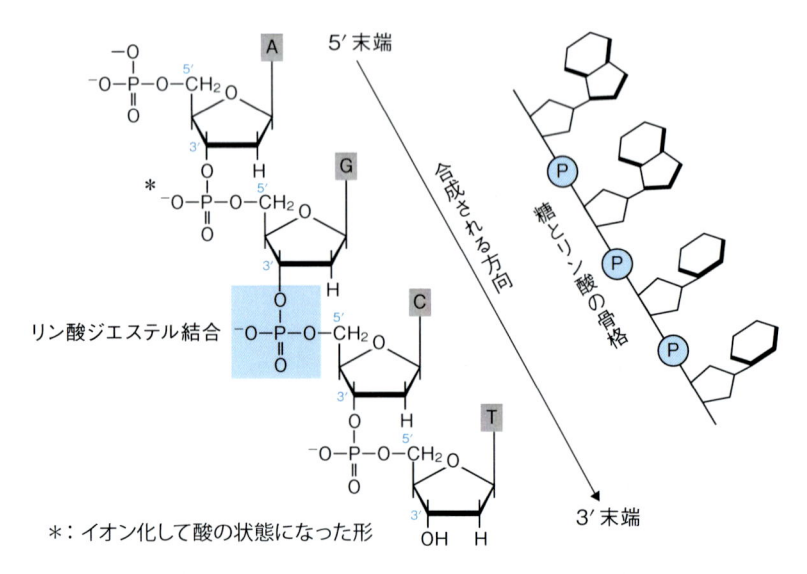

＊：イオン化して酸の状態になった形

図 4・2　リン酸ジエステル結合による DNA 鎖の形成

ねじれたり，修復に必要な塩基だけが外側に向くことも可能になる．DNAは 5′→3′ という方向性をもった鎖状の高分子だが，上で述べた重合の方向が，実際に細胞内で DNA が伸長する方向である．DNA の末端が 3′ か 5′ かは，DNA の挙動を考える上で重要である．なお，分子遺伝学では習慣的に左から右に 5′→3′ の方向で記載する．

4・3　DNA は二重らせん構造をとる

4・3・1　二重らせん構造発見の下地

化学分析により，DNA がヌクレオチドの重合体であり，さらにそれが束になった分子であることがわかっていたが，DNA が何本の鎖かという疑問に対しては，**ウイルキンス**により DNA＝二本鎖が明らかにされた（注：DNA には三本鎖などという構造も部分的に存在する）．**シャルガフ**はさまざまな生物の DNA を分析し，DNA の塩基の組成は生物種にかかわらず，塩基の量が A＝T, G＝C, A＋G＝C＋T, A＋C＝G＋T であること，A, G, T, C 全体の組成は異なるといった法則を発見した．このことは，ある塩基の存在が他の塩基の種類で決まること（あとでわかる塩基対の存在）を示唆している．

4・3・2　二重らせん構造仮説

a. X 線結晶構造解析：分子の立体構造は，均一な分子が規則正しく並んだ固体である結晶に X 線を当て，X 線が分子で屈折（＝回折）する回折像を分析して解き明かす．DNA 構造を研究していた**ワトソン**と**クリック**は，DNA の X 線回折像を分析して以下のような構造を導き出した（☞このときに重要なヒントとなったデータは，当時ウイルキンスの部下であった結晶構造学者フランクリンが独自に得たものであり，ワトソンらはウイルキンスからそのデータの存在を教えられて二重らせん構造の着想にたどり着いたといわれている）．

b. 二重らせん構造の概要：まず DNA の 2 本の鎖は外側に糖とリン酸の骨格を配し，内側に塩基をもち，2 本の鎖は塩基同士の水素結合によってゆるく結合し，さらに分子全体が右巻き（進行方向に対して時計回り）にねじれたらせん（螺旋）構造をとる．2 本の鎖の向きは逆走的で，一方が

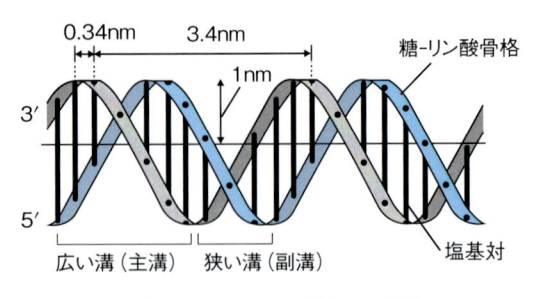

図 4·3 DNA の二重らせん構造

3′→5′ であれば相手側は 5′→3′ である．二本鎖の幅は 2 nm，らせんのピッチ（1 周期の長さ）は 3.4 nm，1 回転に約 10 個の塩基対が含まれ，分子模型を組むと**広い溝**と**狭い溝**の二つの溝が見える．この構造を**二重らせん**といい，1953 年，ワトソンとクリック，2 人の連名で発表された．彼らの説明のもう一つの重要な点は，塩基の結合「**塩基対**」には規則性があって，A には T，G には C が対合するというものであるが，これはシャルガフの法則が参考になった．彼らが扱った DNA の結晶は水のあるところでできた **B 型**だったが，DNA にはこのほか水のないところでできる太い **A 型**，左にねじれて伸びる細いジグザグ状の **Z 型**（実際に細胞内に存在する）がある．

　c. 二重らせん構造の意義：糖とリン酸は DNA 種によらず共通の DNA 骨格を成し，親水性なので外に向く．他方，塩基の順番である**塩基配列**は DNA 種特異的で，遺伝情報はここに含まれるが，それらは比較的疎水性なため分子の内側に位置し，保護される．塩基対形成の法則からわかるように，塩基配列の一方が決まれば他方も決まるが，このことを**相補性**という．このため DNA 配列を表記する場合もあえて二本鎖で記載せず，一方の側の 5′→3′ で表すことが多い．相補性は DNA に遺伝情報が二重に含まれることを意味し，複製や転写を考えるときの鍵になる．

4·4 RNA の構造

　RNA も DNA に似た分子で，ヌクレオチドを単位とするが，チミンの代わりにウラシルをもつ点，デオキシリボースの代わりにリボースをもつ点が DNA と異なる．もう一つの相違点として，DNA が二本鎖を基本とするのに

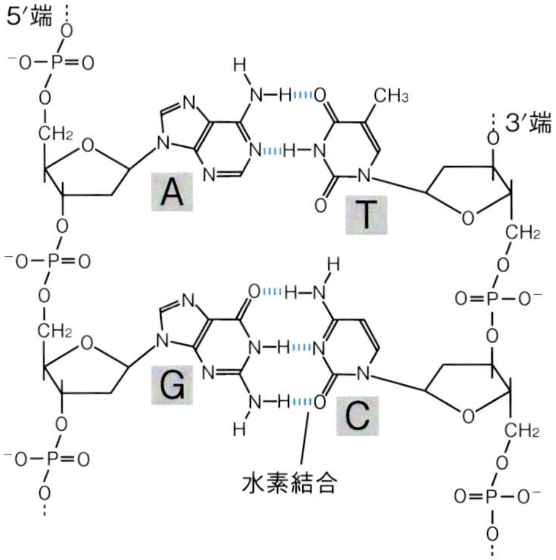

図 4·4　DNA 二本鎖をつくる塩基対

対し，RNA は基本的に一本鎖分子である点があげられる．リボースとリン酸の骨格は DNA のそれより柔軟性に富み，RNA は分子内で二重鎖構造や**ステム–ループ構造**（☞ 二重鎖とその先端の輪状構造）やヘアピン構造をとりやすい．ただ，RNA がとる二重鎖は DNA の場合と異なってあまり長くはならず，また B 型よりは A 型に近いらせんとなる（前述）．さらに U は G とも塩基対をつくることがあり，UCU が 3 塩基対をとりうることから三重鎖構造もできるなど，不規則な塩基対ができやすい．加えて RNA 塩基の塩基対水素結合は DNA のそれより安定である．以上の理由により RNA は安定な折りたたみ構造や球状構造をとりやすい．ただ RNA は物理的には DNA より安定だが，細胞には多様な分解酵素があり，細胞内安定性は低い．

4·5　塩基の化学修飾

核酸中の塩基は，DNA や RNA が合成された後で化学修飾され（☞ 原子団が結合する），機能に影響を及ぼすことがある．ここで述べる化学修飾は生理的に起こるもので，DNA 損傷でみられるものとは区別される．

a. DNA 塩基：細菌では DNA アデニンメチラーゼ（Dam）や DNA シトシンメチラーゼ（Dcm）といった酵素が細胞内に一般的にあり，DNA 中の

(a) 細菌の例
```
5'-GATC-    -G^mATC-
3'-CTAG-    -CT^mAG-
```
Damメチラーゼ　　N^6-メチルアデニン

(b) 真核生物の例
```
5'-C_PG-    -^mC_PG-
3'-G_PC-    -G_P^mC-
```
DNAシトシンメチラーゼ　　5-メチルシトシン

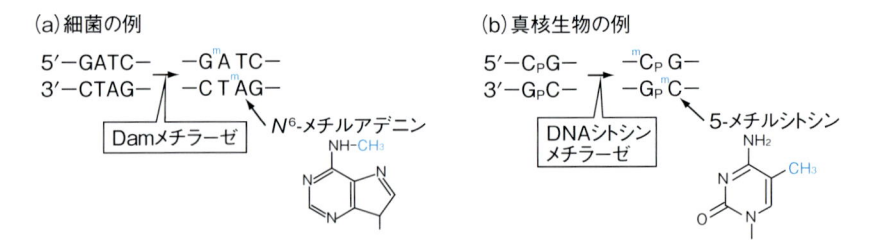

図4・5　一般的なDNA塩基の修飾

アデニンやシトシンがメチル化されてそれぞれ N^6-メチルアデニンや5-メチルシトシンとなる．細菌のDNAメチル化は複製されたばかりのDNAにはなく，メチル化は細胞がDNA合成における塩基の間違いを修復する際に，鋳型DNA鎖と新生DNA鎖を区別する目印として使われる．制限酵素（5章）をもつ細菌細胞内には制限酵素認識配列をメチル化する制限酵素特異的メチラーゼが存在しているが，この活性は，制限酵素による切断から自身のDNAを守るために必要である．真核細胞，とりわけ動物細胞の5'-CpG配列のCは高頻度にメチル化されているが，このようなメチル化は遺伝子発現効率に影響をおよぼす．

b. RNA塩基：RNAでは塩基の修飾や塩基中の元素変換といった現象が多数みられる．よく知られた例としてはグアニンのメチル化，ウラシル二重結合が単結合になるジヒドロウラシル，ウラシル骨格の反転したシュードウラシル，酸素に代わって硫黄が入るチオウラシルなどがある．tRNAにはさまざまな修飾／置換塩基が多くみられ，翻訳調節などに効いている．

4・6　二本鎖形成状態を変化させる

4・6・1　二本鎖形成反応

DNA二本鎖は結合力の弱い水素結合で結合しているため，加熱などで簡単に分離して一本鎖になるが，これをDNAの**変性**という．熱変性したDNAを徐々に冷ますと一本鎖DNAが元の相補鎖と二本鎖を形成する（☞**アニーリング**．この場合は再結合なのでとくに**リアニーリング**という）．しかし二本鎖になるのは元々の相補鎖同士でなくとも，同じような配列をもつ

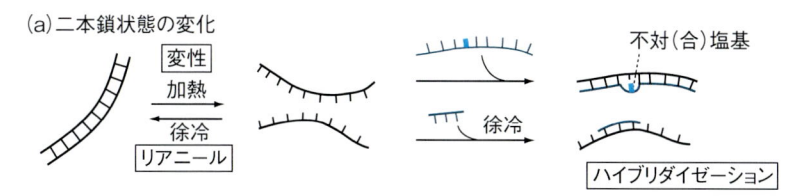

4・6 二本鎖形成状態を変化させる

(a) 二本鎖状態の変化

変性 加熱 ⇄ 徐冷 リアニール

不対(合)塩基

徐冷 ハイブリダイゼーション

(b) T_m(融解温度)の算出式

$T_m = 16.6 \log_{10} M + 81.5 + 0.41 \times GC\% - 500 \div n$

(オリゴヌクレオチドの場合の簡易式：$T_m = 2℃ \times (A+T数) + 4℃ \times (G+C数)$)

M：一価陽イオン濃度，n：ヌクレオチド数，GC%：GC含量

図4・6 核酸の二本鎖形成

部分的領域のDNAでもよい（☞およそ80％以上の一致度があれば二本鎖になる）．一本鎖の核酸がこのように二本鎖になる反応を一般にハイブリダイズするといい，現象を**ハイブリダイゼーション**，生成した二本鎖を**ハイブリッド**（雑種の意味）という．

ハイブリダイゼーションは，DNA相同組換えの途中でDNAの一本鎖に組換えを起こす相手側の相補的な部分が付着するなど，細胞内でも起こるが，大部分は核酸の合成や分析といった人為的操作で使われる．ハイブリダイゼーションは，DNAとDNA以外，DNAとRNAの間（これを**ヘテロデュプレックス**［不均質二本鎖］という），RNAとRNAの間でも起こるが，RNAがかかわる二本鎖はDNAのみのときより安定になる．DNA中の近い2点の相補鎖中に同じ配列があると（例：5′-GTTACC……GGTAAC），1本の鎖の中での部分的二本鎖形成による**ステム－ループ構造**ができやすい．

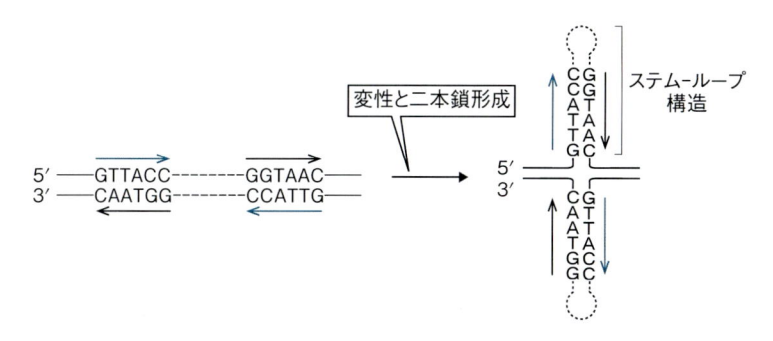

図4・7 DNAがステム－ループ構造をとる場合

4·6·2 ハイブリダイゼーション進行の目安

a. T_m：ハイブリダイゼーションは，DNA合成反応のプライマーでの設計や標識DNAで被検核酸を解析するサザンブロッティングなど，核酸の合成反応や分析において汎用されるが，そこではどれだけすみやかに，さらに安定にハイブリダイズするかが最も留意すべき点となる．ハイブリダイゼーション進行の目安はハイブリッドの T_m である．T_m とは**融解温度**のことで，50%ハイブリダイズする（あるいは50%変性する）ときの温度を示し，天然のDNAの T_m はおよそ70～90℃である．T_m はいくつかのパラメーターで決まるが，T_m に影響を与えるものは核酸自身の要因と環境要因に大別できる．前者の観点から見ると，DNA相補性の一致度，核酸の長さ（長いほど安定），GC含量（☞ GC対は水素結合が3本であり，2本のAT対より安定）が高い／長いほど T_m は高くなる．後者の観点で見ると，一価陽イオン（例：ナトリウムイオン）濃度が高いほど（☞ 陽電荷がリン酸の負電荷を中和し，DNA鎖が接近しやすくなる），また有機溶媒や水素結合切断剤の濃度が低いほど T_m は高くなる．以上の事柄を総合的に考慮した T_m 算出式を図4·6bに示した．**水素結合切断試薬**には**尿素**や**ホルムアミド**があるが，塩基と水素結合をつくることで塩基同士の水素結合を切ることができ，核酸変性剤として使われる．ホルムアミド1%で T_m が約0.6℃低下する．

b. ヘリカーゼ：細胞内にはDNAやRNAを変性させる酵素である**ヘリカーゼ**が多数存在し，複製（☞ DnaB，T抗原，MCM複合体）や転写（☞ RNAポリメラーゼ，基本転写因子のTFⅡH），あるいは組換え（☞ RuvB，RecBCD）に働いているが，これらの酵素は積極的に核酸を一本鎖にする．DNA変性にはエネルギーが必要であるが，ヘリカーゼは基本的にATPase活性（☞ ATPをADPに加水分解する発エルゴン反応を行う）ももつ．

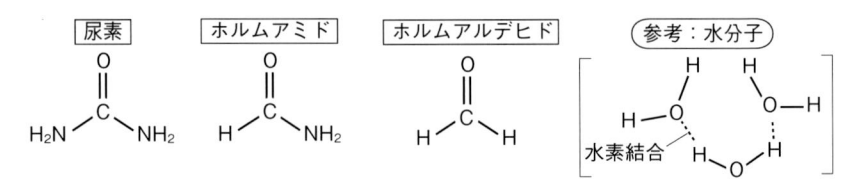

図4·8 主な核酸変性剤の分子構造

4·7　DNAの超らせん構造とトポイソメラーゼ

4·7·1　DNAは負の超らせん構造をとる

ここでDNAのトポロジー（高次構造状態を扱う位相幾何学）について考える．DNAには**線状DNA**（Ⅲ型DNA，lDNA），線状DNAの末端が結合した**閉環状DNA**（Ⅰ型DNA，cccDNA），閉環状DNAの一方の鎖に切れ目（**ニック**）が入った開環状DNA（Ⅱ型DNA，ocDNA）の3態がある．天然のDNAは理論値（約10塩基／回転）より回転数の少ない長めのピッチ（約10.5塩基／回転）になるので，Ⅰ型DNAのように自由に回転できない場合は，らせんの回転不足を補正するために分子全体が右によじれる．このよじれを**負の超らせん**という（注：よじれ数は① DNAの巻数－② DNAのねじれ［ツイスト］数で求める．弛緩したDNAは①と②は等しいが，回転が制限されると①が②より少なくなるので値が負になる）．逆にDNA二本鎖の間に**臭化エチジウム**のような物質（このような物質を**インターカレート剤**という）が挟まり，二重鎖が広げられて周囲のらせんが詰まると，そこに正の超らせんができやすくなる．細菌のゲノムやプラスミドDNA，ミトコンドリアDNAなどはⅠ型をとり，また真核細胞ゲノムのようなⅢ型DNAも，DNAにはタンパク質がぎっしりと結合して自由に回転できず，Ⅰ型に相当するトポロジーをとると考えられる．このことから，細胞内DNAは負の超らせんをとると考えられる．

4·7·2　DNAのよじれを変える酵素

線状DNAの一方を固定し，他方を横に張って開いていくと固定した側でらせんが詰まって正の超らせんができ，やがてそれ以上開けなくなる．複製

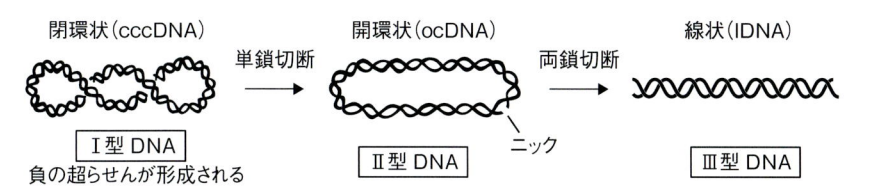

図4·9　DNAの構造三態と超らせん構造

(a) トポイソメラーゼの分類

I型	一本鎖切断&再結合	1個の負の超らせんを解消する
II型	二本鎖切断&再結合	2個の負の超らせんを解消、あるいは形成（ATP要求）する

(b) トポイソメラーゼ作用の例

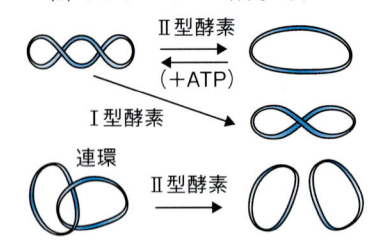

図4·10　トポイソメラーゼ

や転写が進行しているDNA部分ではこのようなことが起こっているので，細胞はこの正の超らせんを解消する必要がある．逆に新しく鋳型上でつくられたDNAはすみやかに二重らせんになる必要がある．以上のような不都合を解決するため，細胞にはDNAの巻き数を変化させる酵素：**トポイソメラーゼ**が存在する．トポイソメラーゼにはI型とII型があるが，I型酵素は1個分の負の超らせんを解消し（例：大腸菌のtopo I），II型酵素は2個分の超らせんを解消，あるいは形成（☞この場合はATPが必要）させて，トポロジーの不都合を解消する．環状DNAが複製すると2個のDNAの輪が離れない**連環**が形成されてしまうが，このような連環の解消にはII型酵素が必須である．超らせん構造形成はDNAがらせん構造をとっているために起こる現象であるが，超らせんには位置エネルギーが蓄えられており，それによってDNAの部分的変性などが起きやすくなり，その部分が酵素認識の目印になるなどして複製や転写に有利に働くと考えられる．

演習

1. dATP，UMPというヌクレオチドの日本語のフルネームと，化学的にどこがどう違うのかを述べなさい．
2. 5′-GHTWKMRNと書かれたオリゴヌクレオチドに対する相補鎖を5′の方向から書きなさい．
3. RNAがDNAと構造的に異なる点を三つあげなさい．
4. DNAをホルムアミドに溶かすとどのような変化が起こるかを説明しなさい．
5. 精製したプラスミドを電子顕微鏡で観察しても多くは絡んだ糸くずのようなものしか見えない．なぜか．

5 DNAの合成・分解にかかわる酵素とその利用

DNA合成酵素は4dNTPを基質として鋳型上に相補的なヌクレオチドを重合させ，プライマーから3′の方向にDNA鎖を伸ばす．一方DNAを分解する酵素にも分解形式の違いによる多様なものがあり，制限酵素は塩基特異的にDNAを切断する．これらの酵素はDNA調製，PCR，遺伝子組換え実験などに幅広く利用されている．

5·1 複製に関与するDNAポリメラーゼ

5·1·1 DNA合成反応の原則

a. 概要：DNA合成酵素を一般に**DNAポリメラーゼ**（DNA pol）という．複製のためのDNA合成とは，一本鎖DNAの上に新しいDNA鎖が合成されて二本鎖が形成されるという反応であるが，このときに合成される塩基配列の元となる（＝相補的な）一本鎖DNAを**鋳型**という．鋳型DNAはDNA合成のときだけ肝腎な部分だけが一本鎖になっていればよく，普段は二本鎖でもよい．

b. プライマー要求性と反応方向：DNA合成では鋳型DNAと部分的に二本鎖を形成して合成の引き金になる核酸が必要だが（注：RNA合成では必

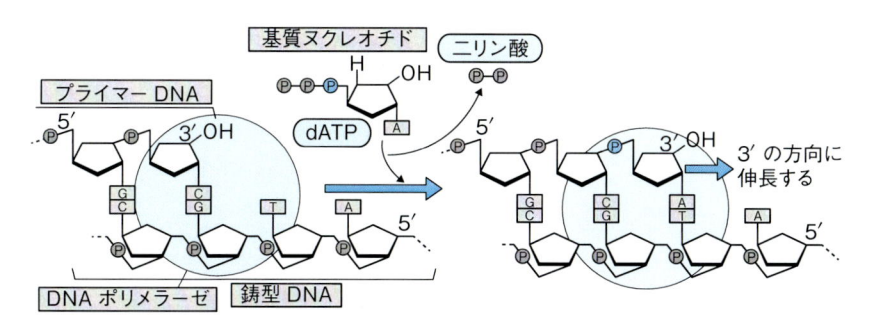

図5·1　DNAポリメラーゼの反応機構

要ない），このような核酸を**プライマー**という．これは，DNA polは鋳型上でのDNA合成を無の状態からはじめることはできず，鋳型上のプライマーの3′-OH末端にヌクレオチドを転移する反応しか行えないためである．結局DNA合成は常に3′端の方向へ向かうことになるが，この方向性は核酸合成の大原則である．試験管反応ではプライマーとしてDNAが使われるが，細胞内では短いRNAが働く．

c. 基質：酵素反応の基質として取り込まれるヌクレオチドは三リン酸型のデオキシヌクレオチド（**dNTP**）で，上述のように3′末端は-OHである必要がある．三リン酸型と3′末端-OHの必要性は転写も同じで，転写では**NTP**（リボNTP）が基質となる．酵素は鋳型と相補的な塩基を一リン酸型ヌクレオチドとして取り込み，二リン酸を放出するが，二リン酸が離れるときに出る大きな自由エネルギーが合成反応には欠かせない．細胞内では二リン酸がさらに加水分解されるので，より大きなエネルギーが供給される．

5・1・2　複製にかかわる酵素の種類

a. 大腸菌：大腸菌ではDNA pol Ⅰ～DNA pol Ⅲが複製に直接かかわる．主要複製酵素は**DNA pol Ⅲ**で，反応速度は速いが細胞内分子数は少ない．DNA pol Ⅲは複雑なサブユニット構成の巨大な酵素で，2個の触媒サブユニットのほか，それらを連結する成分やDNAにつなぎ止める成分をもつ．DNA

表5・1　種々のDNAポリメラーゼ

役割	大腸菌		真核生物	
複製，短い範囲のDNA合成	DNA pol Ⅰ●	5′→3′エキソヌクレアーゼ活性もある．反応は遅いが分子数は多い．修復合成やRNAプライマー除去も行う．	DNA pol α	DNAプライマーの合成（RNA, DNA合成*）
			DNA pol γ●	ミトコンドリアDNAの複製
			DNA pol δ●	ラギング鎖の合成
	DNA pol Ⅲ●	主要な複製酵素．分子数は少ないが反応は速い．	DNA pol ε●	リーディング鎖の合成
修復TLS#	DNA pol Ⅱ DNA pol Ⅳ/V	ギャップを埋める修復合成	DNA pol β DNA pol ζ DNA pol μ	DNA pol λ DNA pol κ DNA pol ι　など

●：3′→5′エキソヌクレアーゼ活性がある．　#：損傷乗り越え合成．　*：RNAを少し合成した後にDNA合成に続ける．

pol I（最初に DNA pol を発見した発見者の名をとって**コーンバーグの酵素**ともいう．ポルワンと称される）は短い領域の複製にかかわり，反応速度は遅いが分子数は多い．DNA pol II も短い DNA 部分を複製する．

b. 真核生物：真核生物ゲノム DNA の複製にかかわる酵素は **DNA pol δ**（デルタ）と **DNA pol ε**（イプシロン）で，両者は複製時，2本の鋳型鎖での使い分けがみられる（☞それぞれラギング鎖とリーディング鎖の合成に使われる［6章］）．DNA pol γ（ガンマ）はミトコンドリア DNA の複製酵素である．

5・1・3 複製の間違いを正す校正機能

複製酵素はいずれも **3′→5′エキソヌクレアーゼ活性**をあわせもつ（後述）．この活性は 5′の方向，つまり合成が終わった上流側の DNA に戻ってヌクレオチドを削るものである．酵素は数百～数千塩基に1個の割合で誤った塩基のヌクレオチドを取り込むことがある．すると DNA のゆがみによって酵素の状態が変化して重合活性が抑えられ，代わって分解活性が優勢になって新生 DNA 鎖を一部削り取る．その後重合活性が優勢になり，正しいヌクレオチドを重合して DNA 合成反応が進む．このことは酵素が自ら DNA 合成の間違いを正す**校正機能**をもつことを意味するが，これにより間違いは元の 1% 以下にまで低下する．一つの酵素が複数の酵素活性をもつ例は DNA 合成関連酵素ではよくみられる現象である．

5・1・4 DNA pol I のユニークな性質

大腸菌の **DNA pol I** はユニークな酵素で，これまで述べた酵素活性に加えて **5′→3′エキソヌクレアーゼ活性**がある．この活性は酵素が進行方向にある DNA を削りながら進む活性だが，削ると同時に重合も行う．細菌細

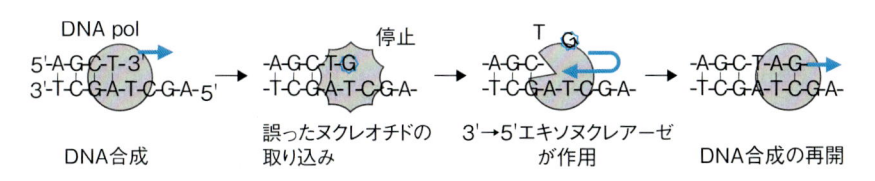

図 5・2　複製用 DNA ポリメラーゼの校正機能

(a) DNA pol Ⅰ のドメイン構造
ズブチリシン切断部位

N ─[5′→3′エキソヌクレアーゼ活性 | 3′→5′エキソヌクレアーゼ活性 | ヌクレオチド重合活性]─ C

クレノー断片（ラージフラグメント）

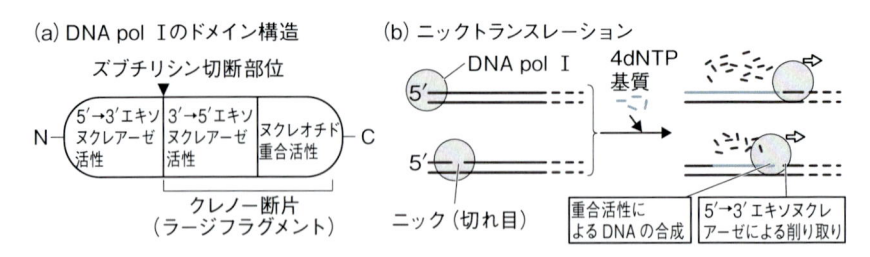

(b) ニックトランスレーション
DNA pol Ⅰ
4dNTP基質
ニック（切れ目）
重合活性によるDNAの合成
5′→3′エキソヌクレアーゼによる削り取り

図 5・3　DNA pol Ⅰ のユニークな機能

胞内で，この酵素活性は DNA ラギング鎖に相補的に結合している RNA プライマーを除くときなどに働く（6章）．この酵素を試験管反応で使用する場合，酵素は DNA の 3′ 末端や**ニック**（切れ目）部分に付着し，そこからこの反応を進めるので，進行方向の DNA がつくり直される．この反応を**ニックトランスレーション**といい，DNA の標識に利用される（後述）．なお，DNA pol Ⅰ をタンパク質分解酵素ズブチリシンで限定分解すると酵素から 5′→3′ エキソヌクレアーゼをもつ断片が除かれるが，残った方の断片を**クレノー断片**（もしくは**ラージフラグメント**）という．

5・2　複製以外で働く DNA ポリメラーゼ

5・2・1　種々の DNA 依存 DNA ポリメラーゼ

細胞内には複製用以外にも，DNA を鋳型に DNA を合成する酵素が複数存在する．大腸菌では DNA pol Ⅳ や Ⅴ がそれにあたり，真核細胞では DNA pol β, ζ, μ などを含め多くの酵素が存在する．これらの酵素はごく短い DNA の修復合成や，DNA 損傷部分を強引に複製（☞その部分に適当なヌクレオチドをあてたりその部分をスキップした DNA 合成をする）する **TLS**（trans-lesion synthesis；**損傷乗り越え合成**）で利用される（7章）．これらの酵素は基本的に校正に必要な 3′→5′ エキソヌクレアーゼ活性をもたないため，点変異やフレームシフト変異（☞読み枠がずれる変異［11章］）が起こりやすい．

5・2・2　RNA 依存 DNA ポリメラーゼ：逆転写酵素

a．総論：RNA を鋳型にする DNA ポリメラーゼである．反応が見かけ上

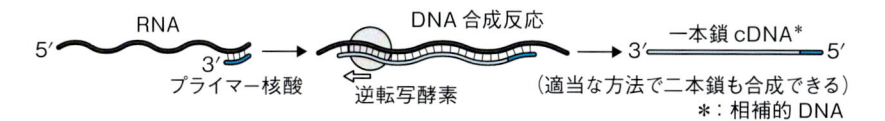

図 5·4 RNA を鋳型に利用できる DNA ポリメラーゼ（逆転写酵素）

転写と逆（RNA → DNA）なため，一般には**逆転写酵素**といわれる．最初の逆転写酵素は RNA ウイルスの一種の**レトロウイルス**から，**ボルチモア**と**テミン**により独立に発見された（レトロは"逆"の意味）．その後 逆転写酵素は C 型肝炎ウイルスにも見つかり，さらにレトロトランスポゾンがコードする遺伝子（12 章）や，線状染色体 DNA の末端のテロメアを複製するテロメラーゼといった細胞由来の酵素の中にも発見された．真核細胞ゲノム中には mRNA を写し取った構造の DNA が見出されるが（注：**加工済み遺伝子**の一種．機能はない），このような DNA ができるときには細胞内の逆転写酵素が働いた可能性がある．

b. レトロウイルスの生活環：非病原性のものもあるが，**レトロウイルス**の中には動物に癌や白血病を起こしたり，HIV-1（エイズウイルス）のようにリンパ球を殺して免疫不全病を起こすものもある．ウイルスが感染すると逆転写酵素によって RNA が DNA に変換され，それが宿主ゲノムに組み込まれる．その後 組み込まれたウイルスゲノムから遺伝子が発現し，タンパク質などもできてウイルス粒子が形成される．ウイルスの逆転写酵素は RNA 依存 DNA 合成活性（DNA 依存 DNA 合成活性も示す）のほか，**RNaseH** 活性（RNA：DNA というヘテロ二本鎖のうちの RNA を分解する）

解説　DNA 鎖を連結する DNA リガーゼ

DNA リガーゼは，2 本の DNA 鎖末端をリン酸ジエステル結合で連結する酵素．連結される末端が 5′-リン酸と 3′-OH である必要がある．反応に ATP などを必要とし，遺伝子組換え実験では重要な酵素である．

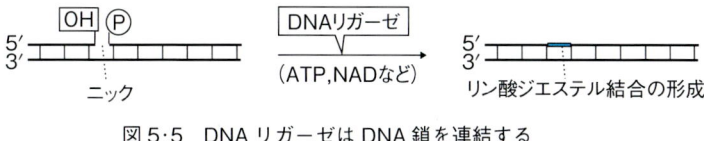

図 5·5 DNA リガーゼは DNA 鎖を連結する

とDNA組込み活性ももつ.

5・3　DNAを分解する酵素

a. 概要：DNAを切断する酵素を一般に**DNase**（**DNアーゼ**）といい，RNAも含め，どちらとも限定しない分解酵素は**ヌクレアーゼ**という．DNAに作用するヌクレアーゼ活性にはマグネシウムイオンなどの二価金属イオンが必要だが，この性質のため，**EDTA**や**EGTA**といった金属と結合する**キレート試薬**の添加で酵素活性を抑えることができる（☞DNAの安定化のために加える）．

b. エンドヌクレアーゼ：エンド（内部の意味）形式で，DNAの単鎖や二本鎖のリン酸ジエステル結合を加水分解して鎖を切断する酵素．実験的にはDNase I やマイクロコッカルヌクレアーゼが汎用される.

c. エキソヌクレアーゼ：非常に多くの酵素があり，実験でも利用される．一つは上述のDNAポリメラーゼがもつエキソヌクレアーゼ活性で，3′末端が突出しているDNAを削って**平滑化**（突出のない末端にする）するのに

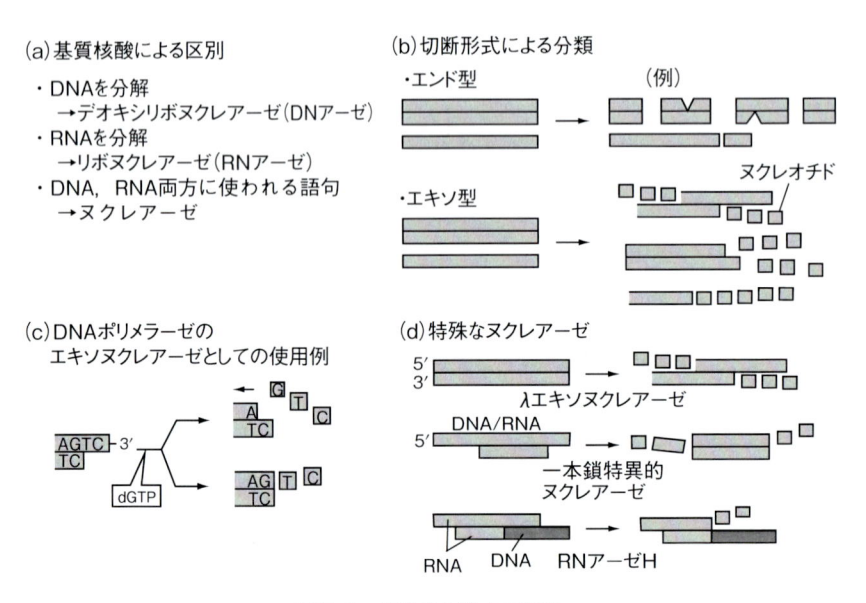

図5・6　核酸を分解する酵素

使われる（例：クレノー断片，T4 や T7 ファージ由来 DNA ポリメラーゼ）．これ以外にも，DNA の末端形状の違いによって特異的な作用を発揮する酵素がいろいろある．

d. 一本鎖特異的ヌクレアーゼ：S1 ヌクレアーゼやマングマメヌクレアーゼは一本鎖核酸を特異的に切断する．

5・4 制限エンドヌクレアーゼ「制限酵素」

5・4・1 細菌にみられる制限－修飾系

ファージが感染して細菌が死ぬという現象において，ファージを増やさない菌株が存在する場合がある．また，そのようなファージ抵抗性の菌で偶然に増殖できるファージが出現することがあるが，そうしたファージは，今度は同じ菌株に感染してもよく増殖する．これらの現象は細菌遺伝学では**制限－修飾**として報告されていた（制限：ファージを増やさない．修飾：ファージが増えるように修飾される）．その後 制限の実体は DNA 分解，修飾の実体は分解酵素を無効にする DNA のメチル化であることがわかった．

続いて**アーバー**や**スミス**によってこの現象に関わる酵素が発見された．DNA 分解酵素は DNA を配列特異的に切断するエンドヌクレアーゼで，**制限エンドヌクレアーゼ**あるいは**制限酵素**とよばれる．他方メチラーゼは制限酵素の認識位置を特異的にメチル化する制限酵素認識配列特異的メチル化酵

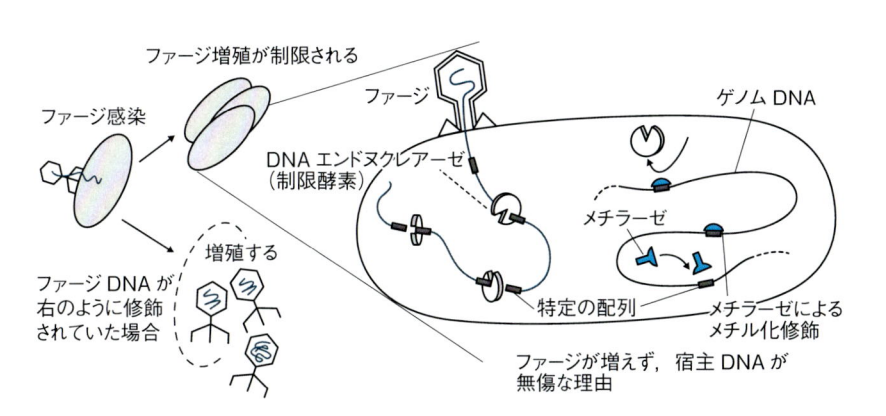

図 5・7　細菌がもつ制限-修飾系

(a) 粘着末端を作る酵素

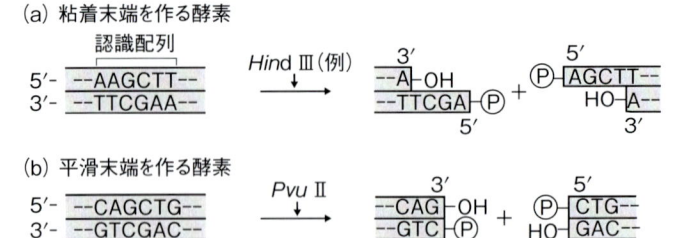

```
        認識配列
5′- --AAGCTT--       HindⅢ(例)    3′           5′
3′- --TTCGAA--      ──────→    --A-OH    +   Ⓟ-AGCTT--
                                --TTCGA-Ⓟ      HO-A--
                                     5′              3′
```

(b) 平滑末端を作る酵素

```
5′- --CAGCTG--        PvuⅡ        3′           5′
3′- --GTCGAC--      ──────→    --CAG-OH  +   Ⓟ-CTG--
                                --GTC-Ⓟ       HO-GAC--
                                     5′              3′
```

図 5・8　制限酵素の切断特性

素で，両酵素活性は一つの細胞内にペアで存在する．細菌ゲノムが自身の制限酵素で分解されないのは，DNA の標的部分がメチル化されているからで，ファージ DNA はその修飾がないため分解されてしまう．感染後，DNA が分解される前に修飾が起こると，増殖できるファージが出現する．制限酵素が発見されると，DNA が各制限酵素でどのように切られるかを示した**制限地図**（**切断地図**．遺伝子地図とは異なる**物理地図**の一種）がつくられ（**ネイサンズ**ら），DNA 構造概要の理解や DNA 断片取得に貢献した．

5・4・2　制限酵素の性質

　制限酵素は細菌がもつ酵素であるが，いろいろな種類がある．一つの細胞に認識配列の異なる複数の酵素が存在する場合も，同じ認識配列をもつ酵素が他の細菌に見出される場合もある．制限酵素がメチラーゼと一体になっているものもあるが，**Ⅱ型制限酵素**はメチラーゼを含んでおらず，遺伝子工学で汎用される．これら酵素の認識配列は 4～8 塩基対（bp）で，同じ相補鎖をもつ**回文配列**（パリンドローム配列）になっている場合が多い（例：5′-GGATCC）．多くの酵素は 3′ あるいは 5′ 末端に数塩基分の一本鎖を残す．このような末端形状（切断面）を**粘着末端**というが，これは一本鎖部分で DNA が付着できるため，遺伝子組換え実験で利用される（14 章）．

5・5　試験管内 DNA 合成反応

5・5・1　DNA 合成反応の実際

　試験管内で DNA を合成する場合は，鋳型となる一本鎖 DNA と，鋳型

の 3′ 端に付着するような短い DNA：オリゴヌクレオチド（注：3′ 末端は -OH）をプライマーとして用意する．そこに酵素の基質となる 4 種類のデオキシヌクレオシド三リン酸（4dNTP）を加え，最後に DNA ポリメラーゼと酵素の活性化因子であるマグネシウムイオン（例：塩化マグネシウム溶液）を加え，37℃付近で保温して DNA 合成反応を進める．酵素は熱に弱いため，高い温度では使えない．1000 塩基対（1 kb）程度の DNA であれば数分のうちに二本鎖 DNA となる．

5・5・2 標識 DNA をつくる

DNA に放射能のある **RI**（放射性同位元素［2 章］：例 P［リン］-32）を入れたり，蛍光色素（例：Cy3．レーザー光照射で蛍光が出る）や検出しやすい低分子の標識化合物を共有結合させると，特異的かつ高感度に検出できる．このようにして調製した**標識 DNA** は，核酸の追跡や，ハイブリダイゼーションの**プローブ**（検知針）として他の核酸を検出する道具に使える（14 章）．

DNA 合成反応で標識 DNA をつくる場合は標識ヌクレオチドを基質として用いる．標識が P-32 の場合，それを DNA に取り込ませるために，糖に直近のリン酸（ *α* 位）が P-32 になっているものを使う．すでに完成した DNA の場合はニックトランスレーション（上述）などで標識できる．DNA（あ

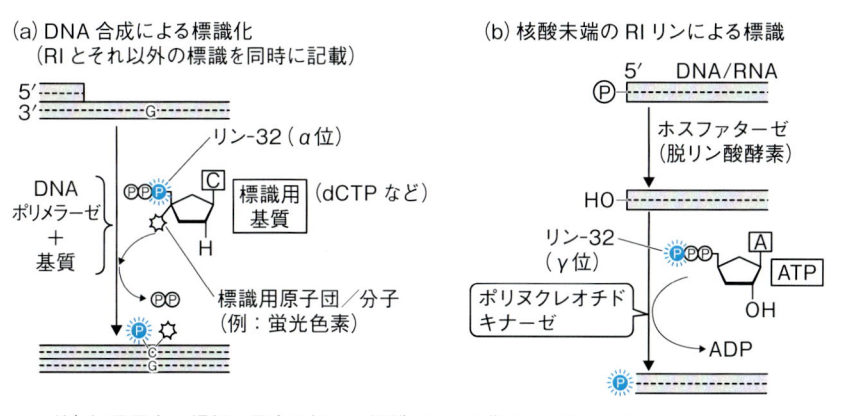

(a) DNA 合成による標識化
　　（RI とそれ以外の標識を同時に記載）

(b) 核酸末端の RI リンによる標識

注）転写反応で類似の反応を行い，標識 RNA を作ることもできる．

図 5・9　DNA（核酸）の標識法

るいは RNA も）の 5′ 末端に P-32 で標識したい場合は，あらかじめ**ホスファターゼ**を効かせて 5′ 末端のリン酸を除き，続いて核酸をリン酸化する**ポリヌクレオチドキナーゼ**と P-32 標識 ATP を使い，ATP にある P-32 を DNA に移動させる．この場合，ATP の P-32 は糖から最も遠い 3 番目の位置（γ 位ガンマ）にある必要がある．

5·5·3　PCR で DNA を増幅する

PCR（ポリメラーゼ連鎖反応）は**マリス**によって開発された，DNA を試験管内で増幅させる方法である．基本的には前述した DNA 合成反応を行うが，プライマーを鋳型上の増幅したい領域の端 2 点について 1 組用意し，**耐熱性 DNA ポリメラーゼ**（例：*Taq* ポリメラーゼ）を使い，混合したものを温度と時間を自動制御できる容器（☞ **サーマルサイクラー**という）で反応させる．

まず 95℃で DNA を熱変性させ（酵素は失活しない），次に 50℃に冷ましてプライマーを一本鎖になった鋳型 DNA に付着させる．その後温度を酵素活性が高く発揮される 70℃にして DNA 合成反応を行う．反応後また 95℃で DNA 変性を行い，以上の 1 単位 2〜3 分の過程を 25〜40 回繰り返す．

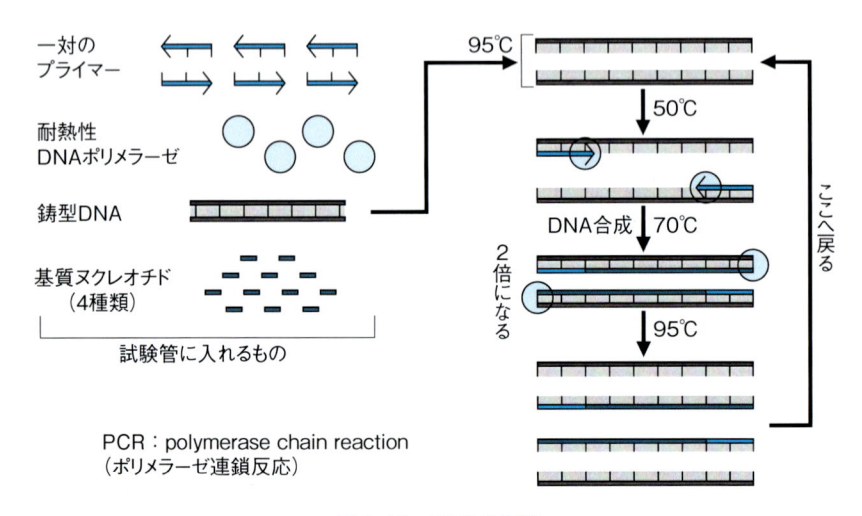

図 5·10　PCR の原理

新規に合成されたDNAも鋳型に加わるために，プライマーで挟まれた領域が指数関数的に増幅し，数時間でDNAが実験で扱える量にまで増幅する.

PCRはDNAを得るだけではなく，DNAの検出や定量，変異の検出などによる系統解析など，いろいろな目的に利用され，**個体識別**や**DNA検査**もPCRを使って行う．プライマーに変異を入れることにより変異DNAをつくることもできる．RNAを逆転写酵素でDNA（このようなDNAを**cDNA**という）にしてからPCRすると（☞**RT-PCR**），遺伝子発現量の測定ができる.

5・6　DNAシークエンシングとDNA断片分析

5・6・1　DNAの化学分解に基づく方法

ギルバートらが開発した初期の塩基配列解析法（**マクサム・ギルバート法**）である．塩基を化学的に特異的に修飾し（例：Gをジメチル硫酸でメチル化），修飾塩基部分のDNAが不安定になって切断されるという性質を利用する．DNAの末端をP-32で標識し，それをこの方法で処理し，電気泳動とオートラジオグラフィーで分析する．修飾を部分的に行うと，たとえばいろいろな部分のGで切れた多くのDNA断片が生成するので，電気泳動位置から，標識から切断G塩基までの塩基数がわかる．修飾をすべての塩基で別々に行い，末端から順番に塩基を読み解く．

5・6・2　酵素反応を使ったサンガーの方法

DNAの酵素合成を利用した方法は**サンガー**により開発された．初期のサンガー法は**プラスーマイナス法**といわれていたが，これをさらに改良したものが，現在の標準法になっている**ジデオキシ法**である．このDNA合成反応には基質類似物質の**2′,3′－ジデオキシヌクレオチド（ddNTP）**を加える．ddNTPはDNAへの取り込みは起こるが，3′の-OHが-Hになっているために次のヌクレオチドは結合できず，合成が停止する．各塩基のddNTPを

| 解説 | **次世代シークエンサー**
数年前からはジデオキシ法によらない種々の原理のDNAシークエンサーが使われはじめているが，これらは卓越した処理能力があり，**次世代シークエンサー**，**超高速シークエンサー**とよばれる． |

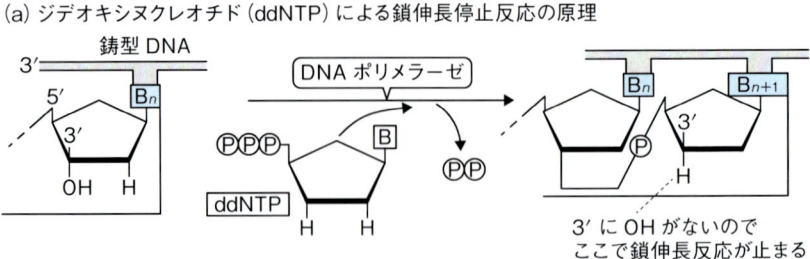

(a) ジデオキシヌクレオチド (ddNTP) による鎖伸長停止反応の原理

(b) RI (P-32) を用いる DNA シークエンシングの原理

図 5·11　サンガー法 (ジデオキシ法) による DNA のシークエンシング

それぞれ使った反応（☞ ddNTP と dNTP を混合して，DNA 分子の一部分の反応を停止させる）を分析して配列を解読する．かつては RI を使い，電気泳動・オートラジオグラフィーで解析していたが，現在では蛍光色素のついた ddNTP を使い，断片をレーザーで検出する．この操作を自動化した DNA シークエンサーが一般的である．

演習

1. DNA 合成の基質となるヌクレオチドの条件を述べなさい．
2. DNA ポリメラーゼの校正機能にかかわるヌクレアーゼ活性について説明しなさい．
3. II 型制限酵素 X をもつ細菌の，X 認識配列メチル化酵素の不活性型突然変異体は得られない．なぜか．
4. DNA を PCR で増やす際，鋳型として二本鎖 DNA の一方の鎖しか加えなかった．DNA は増幅できるか．

6 複製のしくみ

　複製はDNAポリメラーゼが各一本鎖上に新生鎖をつくるように進む．新生鎖の一方のDNA合成は複製方向とは逆になるが，そこでは岡崎フラグメント連結という不連続複製がみられる．線状DNAは複製のたびに末端が除かれるが，真核生物はこの問題をテロメラーゼで克服している．真核生物の複製はS期開始時に1回だけ起こる．

6・1　複製の概観

6・1・1　複製は半保存的に進む

　DNAが合成され，元と同じDNAができる過程を**複製**という．複製の基本は1回の完結したプロセスでDNAが倍加することだが，このとき，元DNAと複製後DNAとの関係がどのようなものかが，分子遺伝学の初期の問題であった．複製後に元DNAが断片化されて複製後のDNAに入る散在的複製，複製後DNAには入らない保存的複製，そして元DNAの各鎖1本ずつが複製後DNAに入る**半保存的複製**が考えられるが，この問に対する回答は**メセルソン**と**スタール**による実験により得られた．彼らはまず大腸菌を重い窒素（N-15：安定同位体の一つ）を含む培地で増やした．重い窒素は窒

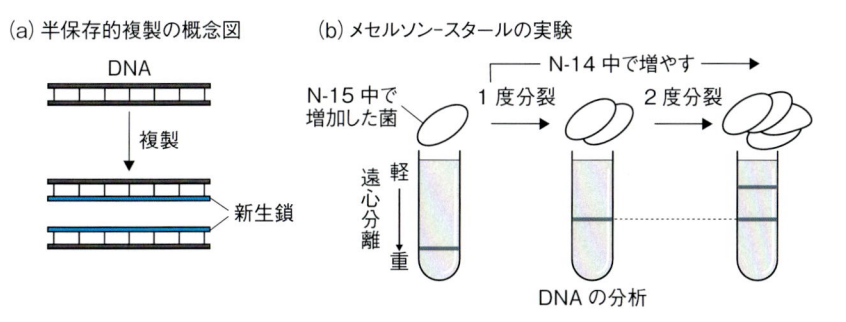

図6・1　DNAの半保存的複製

素を含む分子に取り込まれるが，DNAも塩基に窒素があるため，少し重いDNAができる．次にこの大腸菌を通常の窒素（N-14）を含む培地で，1回，2回……と分裂させ，その都度細胞を回収し，遠心分離法によってDNAの重さを比較した．結果は，1回分裂した細胞から得たDNAは最初の重いDNAよりは少し軽い値（＊）を示し，さらにもう一度分裂させると，少し軽いDNA（＊）とそれよりもっと軽いDNA（#）の二つに分かれた．分裂回数を増やすと，＊のDNAの比率がどんどん減り，#の重さのDNAの比率が増えていった．この実験の1回目の分裂でDNAの重さが均一になったことで保存的複製が否定され，2回目の分裂で密度が2種類に分かれたことで分散型複製が否定された．

6・1・2　複製の単位と両方向複製

a．レプリコン：DNAの複製単位を**レプリコン**という．DNA複製は特定のDNA領域：**複製起点**（*ori*）から始まってレプリコンをすべて複製して終了する．DNAが一つのレプリコンとして複製するものをユニレプリコン，複数のレプリコンとして複製するものをマルチレプリコンという．後者の例としては真核生物の線状のゲノムDNAがこれにあたり（☞特殊な例としては，複数本のDNAをもつウイルスがある），他は基本的にユニレプリコンである（例：環状DNAゲノム，プラスミド，ウイルスDNA）．

b．両方向複製：複製が始まるとき，はじめに複製起点のDNAが電子顕微鏡で膨れて見えるが，この状態をその形態から**複製の泡**，あるいは**複製の目**という．複製の泡ができ，その泡が大きくなっていくが，このとき複製は，泡の両側へほぼ均等の速度で広がっている．つまり，複製は両方向に進む．

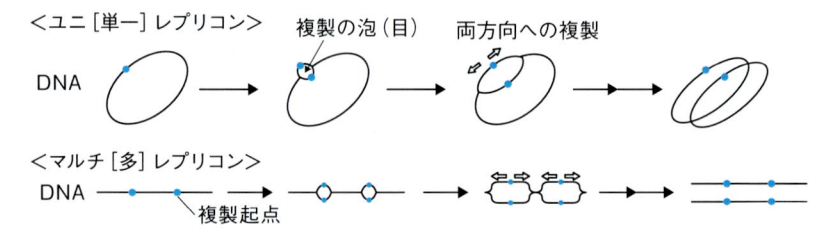

図6・2　複製DNA単位：レプリコン

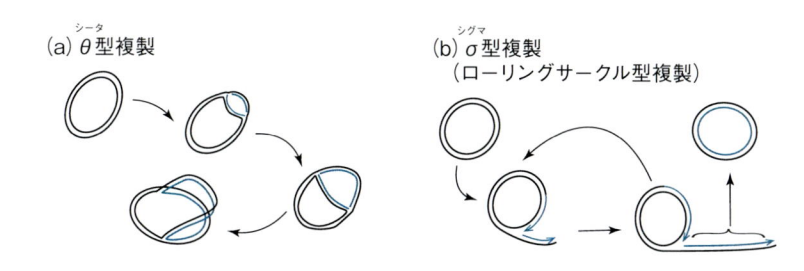

図6・3 環状DNAにみられる2種類の複製様式

線状DNAで複数レプリコンの場合はDNAのあちこちで複製の泡ができてから両方向に広がり，やがてその泡が隣のレプリコンからできた泡と融合し，全体がつながって複製が完了する．

6・1・3 環状DNA複製パターン

　環状DNAの複製は，電子顕微鏡による観察から，二つの様式があることがわかっている．

　a. θ［シータ］型複製：環状DNAが複製するときも複製起点に複製の泡ができ，それが両端に広がる．このときのDNA形態がギリシャ文字のシータ［θ］に似て見えるので，このタイプの複製様式を**シータ型複製**という．大腸菌ゲノムやプラスミドDNAの複製一般でみられる．

　b. σ［シグマ］型複製：環状DNAの一か所から一本鎖部分が離れ，その一本鎖部分が伸びていくと同時に複製し，環状構造にできた一本鎖は二本鎖になる．このときの形がギリシャ文字のシグマに似ているため，このパターンを**シグマ型複製**という（**ローリングサークル型複製**ともいう）．線状二本鎖部分は単位長さに切断され，環状化して複製が完了する．σ型複製は繊維状一本鎖ファージ（例：M13）が感染後細胞内で二本鎖になった後や，プラスミドの一種F因子が接合後に複製しながら供与菌に侵入する場合，細胞内で環状化したλファージDNAの複製後期でみられる．

6・2　細菌における複製の開始

　複製はDNAポリメラーゼ（DNA pol）が複製起点（☞大腸菌の場合は

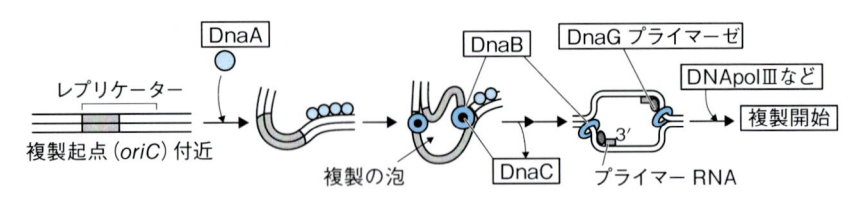

図6・4 細菌における複製開始

oriC) に結合することから始まる．複製が始まる前，まず制御因子がDNAに結合し，DNAが変性した後DNA polとプライマー合成酵素が結合し，はじめに短い**RNAプライマー**がつくられる（☞RNAはプライマー不要のRNA合成酵素がつくるが，この酵素は転写で使われる**リファンピシン感受性**のRNAポリメラーゼとは別の酵素）．その後，RNAプライマーを起点にDNA合成が進行する．

6・2・1 分子機構

複製起点のDNA配列を**レプリケーター**といい，変性しやすいATに富む配列と，その近傍のDnaA結合配列からなる．**DnaA**がATP存在下でDNA結合することによりATに富む部分が歪み，DNAヘリカーゼである**DnaB**が結合してDNAが充分に変性する（補助因子としてDnaCも作用する）．DnaAのようにレプリケーターに最初に入る複製開始因子を一般に**イニシエーター**という．DNAヘリカーゼはDNAの変性・巻き戻しにかかわる酵素で，一方の鎖にリング状で結合した後DNA上をスライドするが，移動方向の違いにより5′→3′ヘリカーゼ（例：DnaB）と3′→5′ヘリカーゼ（例：組換えに効くRecBや真核細胞複製に効くMCM複合体）の区別がある．ここまでが一つの段階で，次にプライマーゼである**DnaG**が結合し，10塩基程度のプライマーRNAを合成する（注：DNAプライマーゼと記載されることもあるが，作るのはRNA．リファンピシン耐性である）．複製開始部位で形成されるこのような巨大複合体を**プライモソーム**という場合がある．

6・2・2 複製のライセンス化

複製開始後，すぐ次の複製が起こることはないが，複製を細胞分裂に同

調させて一度だけ許す機構を**ライセンス化**という．細菌の場合，複製直後のDNAはメチル化されておらず，この状態が次の複製開始を阻止している．時間が経つとメチル化が進み，複製ができるようになる．大腸菌がDNA複製に要する時間は40分だが，細胞分裂は20分に1回のペースで進む．複製の回数は細胞分裂1回につき一度なので，複製中のDNAでは，複製が終わる前に次の複製が起こっていることになる．

6·3　複製の進行

6·3·1　複製のフォークと2本の新生鎖

DNAが変性して，複製がまさに起こっている部分を，その形状から**複製のフォーク**という．変性して一本鎖になったDNAをみると，一方は3′側，他方は5′側が開いている．その場合 半保存的複製で合成されるDNAの方向性は，前者はフォークの進行と同じ3′側へ伸びているが，他方は5′側に伸びる形になってしまう．5章で説明したように，DNA合成が5′側へ伸びることはないため，これが1960年代当時の分子遺伝学の最大の謎であった．DNA複製の進み具合を両新生鎖で比べると，前者はスムーズに進み，後者はそれに比べると遅れて進むので，それぞれを**リーディング鎖**，**ラギング鎖**という．

6·3·2　ラギング鎖での不連続複製と岡崎フラグメント

ラギング鎖複製のジレンマを解決したのは，日本人研究者，**岡崎令治**であった．岡崎は大腸菌のDNA合成に関する**パルス−チェイス実験**（次頁参照）を行い，DNA合成で取り込まれた標識が最初は1000 bp程度の短い断片に

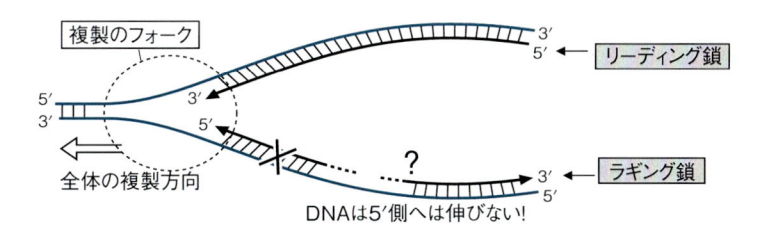

図6·5　複製の方向性に関するジレンマ（矛盾）

> **解説　パルス-チェイス実験**
>
> 生体内でつくられた分子のその後の変化を解明する実験．培地に標識物質を加えて短い時間（パルス）目的物質を標識合成させた後，標識物質を除き，標識をもつ分子の状態を時間経過ごとに追跡しながら（チェイス）検出・解析する．パルス標識された分子の分解や高分子化，構造変化などがわかる．
>
> 図6・6　岡崎フラグメント発見のきっかけとなったパルス-チェイス実験

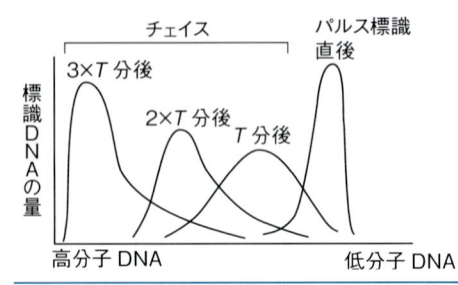

見出されるが，その標識が時間とともにより長い DNA 画分に移り，やがて通常 DNA と同じ高分子サイズに含まれて安定化するという現象を見出した．この結果を受け岡崎は，ラギング鎖では DNA が短い断片として合成され，それが連結され，最後に一続きの DNA として完成するという「**不連続複製**」仮説を提唱した．紆余曲折はあったが，現在では正しいことが証明されている．DNA 複製は全体でみれば半連続的といえる．岡崎の発見した，最初に合成される一本鎖の短鎖 DNA は **Okazaki 断片（岡崎フラグメント）** といわれる．岡崎は若くして亡くなったが，ノーベル賞に値する大発見であった．

6・3・3　複製のフォークでのイベント：(1) 細菌

　DNA が変性する部分には DNA ヘリカーゼの DnaB が結合して DNA 鎖を開いており，一本鎖で不安定になった DNA には，安定化のために **SSB**（一本鎖結合タンパク質）が多数結合する．ラギング鎖合成では，まずプライマー RNA の合成を DnaG プライマーゼが行い，次に **DNA pol Ⅲ** が DNA 鎖を合成して岡崎フラグメント（およそ 1〜2 kb）をつくる．複製酵素を DNA に載せたりそれを留めるクランプやクランプローダー（6・3・4 参照）としての機能は酵素の特定サブユニットがもつ．フォークが進むと岡崎フラグメント

(a) リーディング鎖, ラギング鎖の同調的合成

図中ラベル:
- ラギング鎖
- 岡崎フラグメント
- RNA プライマー
- SSB
- DNA pol III
- DnaG (DNA プライマーゼ)
- DnaB (ヘリカーゼ)
- リーディング鎖
- フォークの進行

(b) 岡崎フラグメントの合成と連結

- プライマー合成 (RNA) (DnaG による)
- 岡崎フラグメント合成 (DNApolIII による)
- プライマー除去 (RNアーゼ H, DNApol I による)
- DNA の連結 (DNA リガーゼによる)

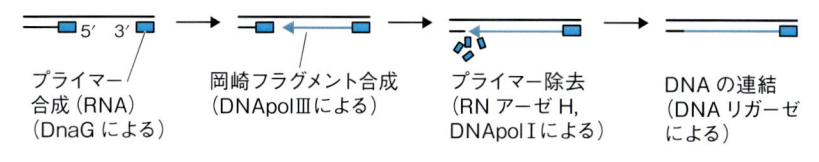

図 6·7 大腸菌における複製の進行

が次々につくられるが, 断片の DNA 合成が合成方向前方の核酸に達すると **DNA pol I** (☞ニックトランスレーション活性をもつ) や **RNaseH** (DNA:RNA ハイブリッドの RNA を分解する) が働き, プライマーとなった RNA を削り, DNA に修復していく. 最後に残るニック部分に **DNA リガーゼ** が働き, 岡崎フラグメント DNA が高分子 DNA に連結される. リーディング鎖では連続的に DNA が合成される.

6·3·4 複製のフォークでのイベント: (2) 真核生物

真核生物の機構も細菌に似て, DNA の変性は DNA ヘリカーゼ活性をもつ **MCM 複合体**, 一本鎖 DNA の安定化は **RPA** (複製タンパク質 A) で行われる. 細菌との大きな違いは DNA ポリメラーゼの種類が両鎖で異なることで, リーディング鎖には **DNA pol ε**, ラギング鎖合成には **DNA pol δ** が使われる. ラギング鎖におけるプライマー合成は複雑である. プライマー合成酵素 (**DNA プライマーゼ**) は **DNA pol α** だが, 酵素内部に RNA 合成ユニットがある. そこでまずごく短い RNA が合成され, 続いて DNA 重合活性によって DNA 鎖が伸びてプライマーとなる. この現象はプライマー合成にお

けるポリメラーゼスイッチといわれる．複製酵素にはクランプ（複製酵素をDNAに載せる環状タンパク質）としてのPCNAやクランプローダー（クランプをDNAに装着させるタンパク質）としてのRF-Cを含むいくつかの調節因子が，少なくともラギング鎖には結合しており（☞リーディング鎖も同様と推測されている），スムーズな重合反応にかかわる．岡崎フラグメント（☞100 bp程度と細菌のものより短い）中のRNAは，DNAポリメラーゼ自身による引きはがし作用やヌクレアーゼによる分解で除かれる．

6・3・5　フォーク付近の全体像

複製はフォーク付近で同調的に進む必要があるが，ラギング鎖の合成方向がリーディング鎖とは逆なため，立体的な不都合を説明するいくつかの仮説が提唱されている．トロンボーンモデルはこの一つで，ラギング鎖側の鋳型一本鎖が複製酵素の上流で伸びたり縮んだりする（☞シャクトリ虫の動き）というものである．複製のフォークでは以上で述べたさまざまな酵素や因子が大きな複合体となってDNA上を移動すると考えられるが，大腸菌ではそのような超高次複合体を**レプリソーム**という．

フォークが進むと親DNAの前方はらせんが詰まって正の超らせんができてしまうが，これは**トポイソメラーゼ**によって解消される．複製を終えて二重鎖となった部分にもトポイソメラーゼ（この場合はらせんを形成させるⅡ型トポイソメラーゼの**ジャイレース**）が働く．

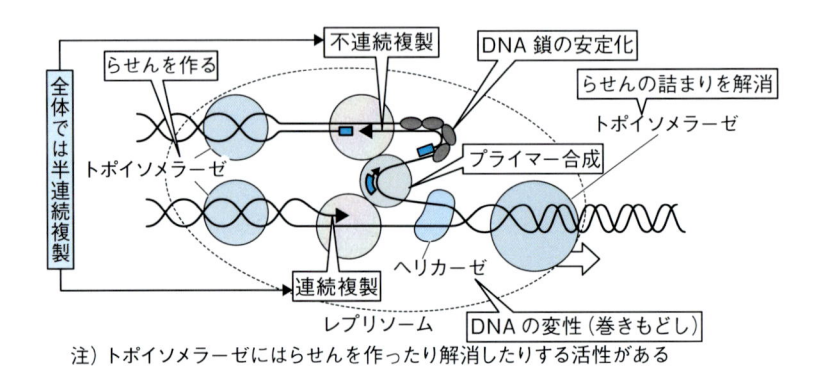

図6・8　フォーク付近の全体像

6·4 線状 DNA 複製の末端問題

6·4·1 DNA 末端は複製のたびに短くなる

RNA プライマーはより上流から DNA 合成が進んでくる場合には除かれて DNA に変換されるが、細胞は線状 DNA のラギング鎖として合成された DNA の 3′ 端最上流部の RNA を DNA に変換することができない（環状 DNA の複製ではこのようなことがない）。そのため線状の場合は DNA が複製のたびにわずかずつ短くなるが、これが続くと複製のたびに DNA の両端が短縮し、ゲノムとして欠陥が生じてしまう。このことを線状 DNA 複製における**末端問題**というが、真核生物や線状 DNA をもつウイルスなどにはこの問題を回避する独自の工夫がある（下記）。

6·4·2 ファージやウイルスでみられる工夫

二本鎖線状 DNA をもつファージやウイルスのうち**λファージ**の場合は、感染後に DNA が末端の *cos* 配列を利用して環状化し、環状 DNA として複製する。**T7 ファージ**には DNA 末端に繰り返し配列があり、その部分で DNA 同士が連結して多量体化し、その後単位長さのウイルスゲノムが切り出される。アデノウイルスの場合、複製のプライマーは DNA 末端にあるタンパク質で、そこに結合しているシチジンヌクレオチドがプライマーとなるため、末端問題は根本から回避される。

6·5 真核生物染色体の末端：テロメア

6·5·1 テロメアの構造の機能

真核生物の染色体は複数の線状 DNA から構成されるが、構造上特異的な

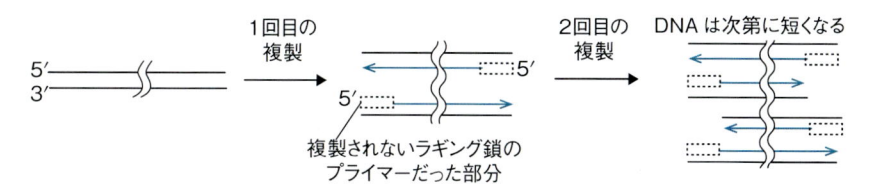

図 6·9 線状 DNA 複製における末端問題

部分として，中央部の**セントロメア**と末端の**テロメア**がある．テロメアには遺伝子は含まれず，短い配列（例：ヒトでは 6 bp）が高度に繰り返しており，全体は 10 kb にもおよぶ．テロメアにはテロメア結合タンパク質を含むさまざまな因子が結合し，末端はコンパクトに丸まった構造をしている．この保護された構造があるため，DNA は細胞の中で安定に存続できると同時に，末端問題も回避されている．短縮したテロメアをもつ染色体は不安定で，染色体同士が末端で結合したりする．

6・5・2 テロメアの複製

細胞が何度も分裂するとやがて死滅するが，この原因の一つにテロメアの短縮がある．短縮したテロメアのために染色体不安定性が増したためと考えられ，これが分裂回数に依存する細胞寿命にも関連するとも考えられる．癌細胞などのような不死化した細胞ではテロメアの短縮がみられないが，これは細胞に充分な量のテロメア複製酵素：**テロメラーゼ**があるためである．生殖細胞もテロメラーゼが多く，テロメア長がリセットされている．通常の細胞のテロメラーゼ活性は低い．

テロメラーゼには RNA が含まれており，その配列の一部にテロメアの単位配列に一部相補的な配列と単位分の配列に相補的な部分が連続して存在する．テロメアが複製する場合，まずこの RNA がテロメアとハイブリダイズし，DNA 重合活性により単位長さのテロメア DNA ができる．つまりテロメラーゼは**逆転写酵素**なのである．酵素がさらに 3′ 方向に移動しながら段階的に DNA を合成するため，DNA 鋳型がなくとも DNA 末端の伸長ができる．

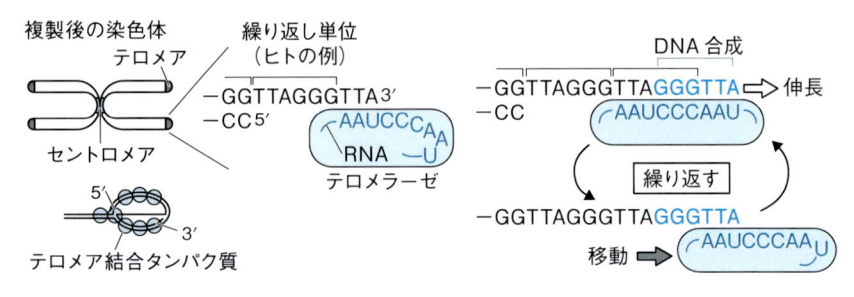

図 6・10　テロメアとその複製

6·6 真核細胞での複製とその調節

6·6·1 細胞分裂の周期性と複製のタイミング

真核細胞の分裂は一定の周期性で行われる．細胞分裂が終わり，DNA合成がはじまるまでの期間を G_1 期という．G_1 期のあとでDNAが合成 (synthesis) される時期を S 期，その後の細胞分裂までの時期を G_2 期，そして細胞分裂（☞mitosis）の期間は M 期という．M 期が終わるとまた G_1 期に戻るが，この周期性を**細胞周期**という．M 期以外は**間期**という．複製はS期冒頭で始まる．複製開始には，細胞サイズが一定以上になる，増殖因子による刺激がある，周囲に分裂空間の余裕があるなどの条件が必要である．複製が開始すると細胞周期が途中で停止することはなく，次の G_1 期まで一気に進む．

6·6·2 複製開始機構

真核細胞ゲノムは多数の複製起点をもつ染色体が多数存在するマルチレプリコンであるが，複製は個々の複製起点で，全体がほぼ同時に始まる．はじめに複製起点領域のDNA配列レプリケーターに，**起点認識因子**である **ORC** などの因子が結合し，それによってDNAヘリカーゼでもある **MCM 複合体** が結合して**複製前複合体（pre-RC）**が形成される．続いてタンパク質リン酸化酵素（キナーゼ）が働くと，MCM 複合体を含む因子が活性化し，**複製開始前複合体（pre-IC）**が形成される．ORC などはいったん離れ，複製で実際に働くDNAポリメラーゼと，プライマーゼやRPAなどの因子が結合して複製が始まる．あとは前述したように，複製のフォークが伸びて，複製が進展する．

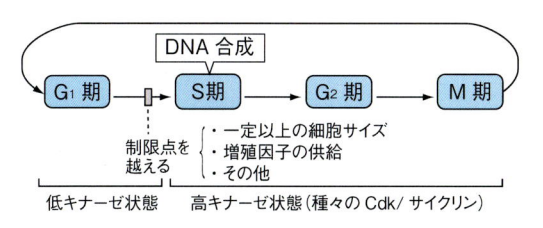

図 6·11 細胞周期に従う真核細胞の分裂・増殖

6・6・3 ライセンス化機構

真核生物の複製の**ライセンス化**（6・2・2 参照）は細菌の場合とは異なる．真核生物の細胞機構には，**キナーゼ**によるタンパク質のリン酸化を介するタンパク質の活性化や不活性化がかかわることが多い．細胞周期の間期ではキナーゼ活性が弱いが，S期に進入する時点では細胞周期関連キナーゼである種々の **Cdk－サイクリン複合体**の活性化がみられ，その後しばらくは，Cdk－サイクリンの種類を変えながら細胞内キナーゼ活性の高い状態が維持される．複製における pre-RC はキナーゼ活性が低いと形成されるが，pre-IC 形成に向かうような活性化は起こらない．他方，キナーゼ活性の高いS期～M期では新たな pre-RC の形成は起こらないが，既存 pre-RC の活性化が起こる．これが真核生物のライセンス化機構である．

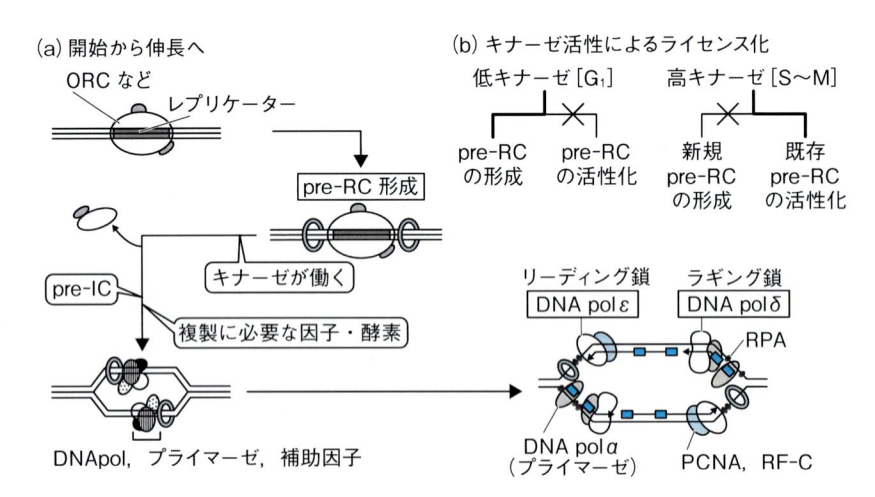

図6・12　真核生物の複製の進行とライセンス化

演習
1. 複製が半保存的に進むことを示した歴史的な実験を説明しなさい．
2. 線状DNAと環状DNAの複製機構ではどのような点が異なるか．
3. 岡崎フラグメントは複製のどの段階でつくられるか．
4. テロメラーゼには RNA が含まれる．この RNA にはどのような働きがあるか．
5. 複製が始まると続いてまた始まることはない．この現象を何というか．またその機構を細菌と真核生物に分けて説明しなさい．

7 DNAの組換え,損傷,修復

DNAには不安定な側面もある.たとえば細胞内に複数のDNAがあると,DNA鎖が配列の相同性を利用する機構やその他の機構で組換えを起こすことがある.DNAが物理化学的要因によって共有結合の変化を伴って異常になる現象を損傷というが,損傷は細胞死や突然変異などを招くため,細胞はさまざまな機構で損傷を修復している.

7·1 DNAの組換え

7·1·1 DNA組換えとは

一定範囲のDNAの交換や移動によって新たな構成のDNAができることを**組換え**(**DNA組換え**)といい,DNA鎖の交換,欠失,挿入などを含むが,見かけ上はDNAの切断と(組合せを異にするDNAとの)再結合ととらえることができる.結果的に突然変異となりうるが,一般的には変異とは別に論じられる.DNA組換えは,相同な配列(☞ 長い領域で実質的に同じ配列をもつDNA)の間で起こる典型的な**相同組換え**(**HR**)と,それ以外の**非相同組換え**に大別される.後者は相同性がないか,あってもごく短い配列間で起こる反応で,相同組換えのような正統的な組換えに対し,非正統的組換えともいわれる.

表 7·1 組換えの種類

相同組換え	非相同組換え(非正統的組換え)	
	部位特異的組換え	ランダム組換え
◎減数分裂時の染色体乗換え	●ファージ(λ, P1) DNA にみられる組換え	◎DNA断片のランダムなゲノムへの組み込み
◎遺伝子ターゲティング時の DNA断片の組換え	◎/● トランスポゾンの転移	◎免疫グロブリン遺伝子再編成
●F因子依存性のゲノム組換え		◎非相同末端結合
●ファージDNA間の組換え		●特殊形質導入ファージの生成

◎真核生物, ●細菌

7・1・2　相同組換え

細胞内に相同なDNAがあると，相同なDNA領域の内部で組換えが起こる．相同組換えは巨視的にみれば あるDNAのX領域が他の相同領域xに替わり，xがXに入れ替わるという**相互組換え**が基本である．相同組換えは遺伝子や染色体といった広い範囲のDNA間で起こり，細菌ではHfr菌に関連して起こるゲノムDNAの組換えや（13章），細胞に重感染したファージDNA間でみられる．真核細胞では減数分裂時の染色体乗換え時にみられるが，通常の細胞でも，ゲノムと相同なDNA断片を入れると低い頻度だが相同組換えが起こる．**カペッキ**らはこの現象を利用してマウスゲノムDNAを改変（☞欠失や挿入，変異や置換）し，そこから遺伝子破壊マウス（**ノックアウトマウス**）を作製する技術を確立させた．

7・1・3　相同組換えの開始

細胞内で1組の相同なDNAが接近すると，まず一方のDNAが二本鎖切断を受ける．大腸菌では**カイ（χ）配列**という8 bpの特定塩基配列が切断

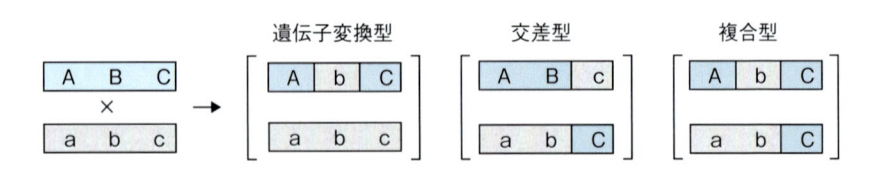

図7・1　相同組換えの種類

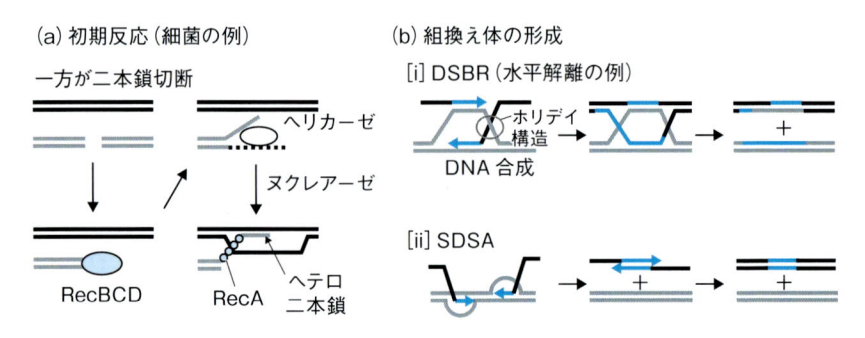

図7・2　相同組換えの進行

の標的（ホットスポット）となる．切断DNAの末端にはRecBCDが結合するが，これはヘリカーゼやエキソヌクレアーゼ活性をもつ酵素複合体で，これにより一本鎖部分ができる．一本鎖DNAには主要組換え因子であるRecA（後述．酵母ではRad51）が結合し，DNAを標的DNAの相同な部分に導いてハイブリダイズさせ，ヘテロ二本鎖を形成させる．

7・1・4 組換え反応の進行

a. 二本鎖切断修復：組換え進行過程には二つの方式がある．一つは従来から知られている **DSBR（二本鎖切断修復）** で，それぞれのDNAから伸びた一本鎖が他のDNAに結合してX字状の構造（**ホリデイ構造**：HS）ができる．交差部位は自由に決まるため，組換えの境界も自由である．大腸菌にはHSの交差部位を移動させる因子も知られている（☞RuvAやRuvB）．その後DNAが切断されて組換えが完了するが，HSでのDNAが切断＆再結合（☞**解離**という）する場合に，そのまま解離する場合とねじれて解離する場合があり，それにより組換え体が**遺伝子変換型**になるか**交差型**になるかが決まる．

b. 合成依存性アニーリング：もう一つは **SDSA（合成依存性アニーリング）** で，酵母では遺伝子変換体が優先的に生ずるという現象から考え出された．ホリデイ構造はできず，DNAの両鎖がともに標的DNAに入って短いDNA合成が起こり，その部分が**アニール**（塩基対結合すること）した後で修復的にDNAが合成される．

7・1・5 非相同組換え

非相同組換えにはいろいろな様式がある．**NHEJ（非相同末端結合）** は切断DNAの修復，すなわち損傷DNA修復機構の一つに使われるランダムな組換え機構である（後述）．単純に近傍のDNA末端同士を連結する組換えで，細胞に侵入したDNA断片のゲノムへの組込み時や，生理的には免疫グロブリン遺伝子の再編成時に起こる．これに対し，以下で述べるものは一定の配列の制約を必要とする部位特異的組換えであるが，その一つに**トランスポゾン**の転移がある．トランスポゾンにはDNA型，RNA型（**レトロトランスポ**

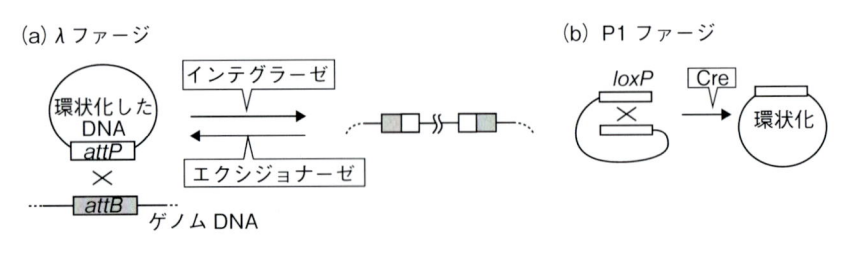

(a) λファージ
環状化したDNA attP × attB ゲノムDNA
インテグラーゼ / エクシジョナーゼ

(b) P1ファージ
loxP / Cre → 環状化

図7·3 ファージDNAにみられる非相同組換え

ゾン) があるが，末端繰り返し構造と，転移のための組込み酵素（**トランスポゼース**．レトロトランスポゾンでは**逆転写酵素**がこの活性をもつ）遺伝子をもつという共通点がある．トランスポゾンは末端繰り返し領域から挿入され，挿入後は短い標的配列が組み込まれたトランスポゾンの両脇に生じる．

7·1·6 ファージにみられる部位特異的組換え

非相同組換えの一つとして，ファージDNAのごく短い範囲の相同な配列の間で起こる組換えがある．**λファージ**の場合は大腸菌ゲノムに組み込まれるときに（☞ファージの *attP* とゲノム中の *attB* の間で起こる），あるいは組み込まれたファージDNAの切り出し時に起こり，反応にはファージの組込み酵素（**インテグラーゼ**）や切り出し酵素（**エクシジョナーゼ**），そして細胞由来因子がかかわる．**P1ファージ**の場合は自身の末端にある繰り返し配列である *loxP* との間で組換えが起こるが，反応はファージ由来酵素（**Creリコンビナーゼ**）単独で進む（☞反応形式はトポイソメラーゼに似る）．Cre単一で組換えをすべて実行できるために実験に使いやすく，細胞レベルで遺伝子を組み換える場合は *loxP* 配列と一緒に使用される．

7·2 DNAの損傷

7·2·1 損傷の種類とその効果

DNAが共有結合の変化を伴って異常な構造に変化することを **DNA損傷**といい（**DNA傷害**ともいう），損傷の様式から塩基除去，塩基修飾，鎖切断，架橋に分けられる．

a. 塩基除去：塩基と糖の間のグリコシド結合が切れ，DNAから塩基が除

かれる現象．DNA 骨格が不安定になり，結果的に鎖切断につながる．

b. 塩基修飾：多くの種類がある．**脱アミノ**によって，C が U に，あるいは A がヒポキサンチン（Hyp）になる．U には A, Hyp には C が対合するので，複製後には結果的に突然変異となる．塩基の**アルキル化**（メチル化やエチル化）もよくある現象で，とくにプリン塩基（とりわけ G）が多い．それぞれ対合塩基が変化し，結果的に突然変異になる．酸化反応では G が水酸化ラジカルによって 8-オキソ G となって A が対合するようになる．隣り合ったピリミジン塩基が 2 個共有結合した**ピリミジン二量体**（とりわけ**チミン二量体**）は紫外線によって生じる代表的な損傷で（次頁），**CPD（シクロブタンピリミジン二量体）**と **6-4 光産物**［6-4PP］の 2 タイプがあるが，前者が多くできる．シトシン二量体には A-A が対合するので，やはり突然変異となる．以上のように塩基修飾後は**転移**（プリン間，あるいはピリミジン間での変異）タイプの変異が起きるが，G の酸化ではプリンとピリミジンとの間での変異である**転換**が起きる．

c. 鎖切断：主には**単鎖切断（SSB）**が起こるが，偶然に両鎖に起こると**二重鎖切断（DSB）**となり，DNA は分離してしまう．DSB は SSB DNA が複製される際にも生じる．

表 7·2　DNA 損傷の種類

損傷の形式	損傷の例	傷害剤の例
塩基除去	N-グリコシド結合の切断	高温，酸，アルキル化剤[*1]
塩基修飾		
・脱アミノ	C → U, A → H	亜硝酸塩
・アルキル化	G → O-アルキル G	アルキル化剤
・酸化	G → 8-オキソ G	水酸化ラジカル[*2]
	C → U, A → H	紫外線
・ピリミジン二量体形成	CPD や 6-4PP の生成	
鎖切断	一本鎖切断（SSB）と	電離放射線[*3]
	二本鎖切断（DSB）	重金属，ブレオマイシン
架橋	鎖内，鎖間での共有結合	シスプラチン
		二価アルキル化剤
		マイトマイシン C

*1：ニトロソ化合物，ニトロジェンマスタードガス
*2：電離放射線による水の分解などで生ずる
*3：γ 線，X 線

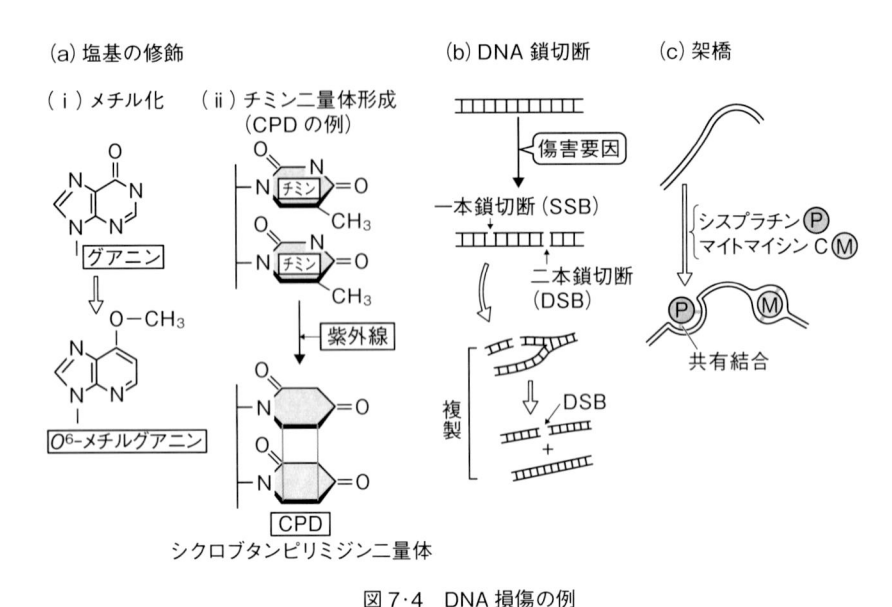

(a) 塩基の修飾　　　　　　　　(b) DNA 鎖切断　　　(c) 架橋

(ⅰ) メチル化　(ⅱ) チミン二量体形成
　　　　　　　（CPD の例）

図7·4　DNA 損傷の例

d. 架橋：DNA の2本の相補鎖の間で共有結合が起こる状態．1本の鎖内で起こることもある．

7·2·2　DNA の紫外線吸収とその影響

　紫外線（UV）は紫色よりも波長の短い，10 nm～400 nm の電磁波である．核酸で特異的に紫外線を吸収する部分は塩基で，吸収波長の極大（ピーク）は平均 260 nm である．DNA の場合 1 μg/ml 濃度の溶液は吸光度（☞入射光量を吸収後に減衰した光量で割った積の常用対数）が 0.02 なので，吸光度から DNA 濃度を求めることができる．核酸に吸収された紫外線のエネルギーが化学結合を変化させるため，結果的に DNA 損傷が誘導される．DNA に対しては前述のようにピリミジン，とりわけチミン二量体形成という損傷が生じやすいため，RNA より DNA の方が影響を受けやすい．

7·2·3　紫外線と生物との関係

　紫外線は太陽光に豊富に含まれるが，波長から A，B，C に分けることができる（☞それぞれの波長は 315 nm 以上，280 nm 以上，200 nm 以上）．

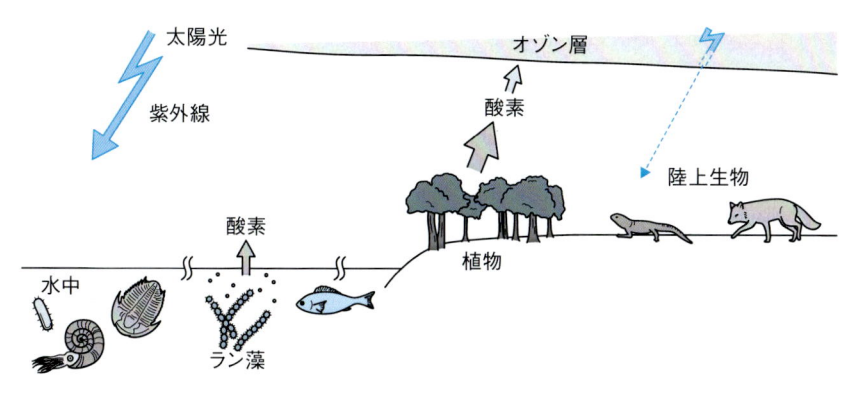

図7・5 生物進化の歴史と紫外線の影響

　成層圏の上空にあるオゾン層が紫外線の大部分を吸収するので，紫外線Aの一部が地表に届くが，紫外線Bはごくわずかしか届かず，紫外線Cはまったく届かない．紫外線Aはタンパク質変性効果があり，日焼けなどを起こす．紫外線Cには強いDNA損傷効果と殺菌作用がある．Bはその中間である．

　生物にとって，紫外線は害の方が大きく，生物の歴史は紫外線の影響をいかに回避するかの歴史でもあった．紫外線の多かった太古の時代，生物はその影響を避けるため水中で暮らしていたが，植物が隆盛になって大量の酸素が放出されると酸素を元に**オゾン層**が形成され，地表の紫外線が減り，生物は地上に進出できた．それでも紫外線の影響は完全にはゼロにできず，生物は紫外線で受けた損傷を修復するさまざまな機構を発達させた（後述）．

7・2・4　損傷の要因

　DNA親和性物質やDNA攻撃性因子は損傷の原因になるが，これには内因性と外因性のものがある．外因性の要因の代表は化学物質で，**DNA傷害剤**という．DNA傷害剤には**アルキル化剤**（例：タールに含まれるニトロソ化合物，ジメチル硫酸），**亜硝酸塩**，DNA鎖を攻撃する抗生物質（例：DNAを切断するブレオマイシンや架橋するマイトマイシンC），水酸化ラジカルを発生させる物質などがある．紫外線も前述のように塩基構造を変化させる．DNA切断効果をもつものとしては**電離放射線**（例：X線, γ 線）がある．このほか，重金属，高温，酸といった身近なものも損傷の要因となる．

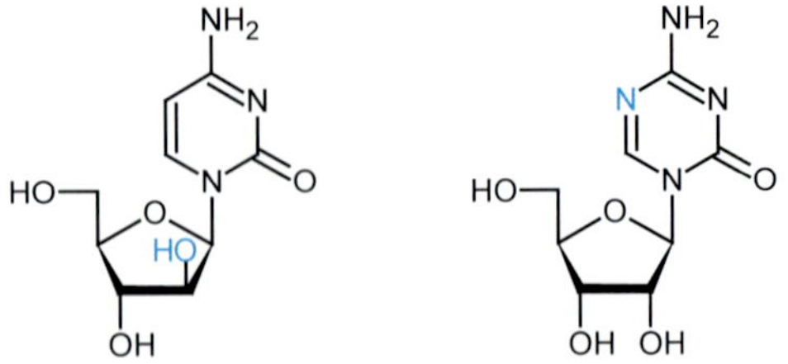

アラビノシルシトシン（AraC）　　アザシチジン

図 7・6　ヌクレオシド誘導体

　内因性のものの代表は，代謝の副産物として生じるフリーラジカルを含む**活性酸素種**（☞ミトコンドリア内での好気呼吸などで発生する）である．実験的に**ヌクレオチド類似物質**（例：アラビノシルシトシン，アザシチジン）を細胞に入れるとそれらが DNA に組み込まれ，結果的に DNA が損傷状態となってそれ以上細胞が増殖しなくなるが，このような物質の中には抗癌剤に使われるものもある．

7・2・5　損傷 DNA のその後の運命

　損傷は突然変異につながりやすいため，DNA 傷害剤の多くは変異原にもなりうる．変異が必須遺伝子の欠陥を招くと細胞は死滅し，さらに遺伝子の性質や変異の程度により多様な形質変化が起こる．癌関連遺伝子に起こると癌化が誘導されることもあり，変異原のあるものは発癌剤にもなり得る．物質の**変異原性**を検出する試験に，ネズミチフス菌の**栄養要求性変異株**（☞ある栄養がないと増殖できない変異体）を使用する**エイムステスト**がある．細菌を変異原物質で処理した後，特定栄養を欠いた培地で培養する．元あったナンセンス変異が突然変異により復帰変異となると，特定栄養のない培地でも増殖するので，コロニー数から変異活性を数値化できる．

7・3　損傷 DNA の修復

7・3・1　損傷は修復される

　DNA 損傷は多くの場合 細胞に深刻な影響を与えて死滅に導く．概算によると細胞 1 個あたり，1 日に数千以上の損傷が発生するともいわれる．とく

表 7·3　修復の種類

除去修復	直接修復	組換え修復	複製時修復
・塩基除去修復 [BER] ・ヌクレオチド除去修復 　[NER] ・ミスマッチ修復 　ウラシル DNA 修復	・光修復 ・一本鎖切断修復 ・脱メチル化 　など	・二本鎖切断の修復 ┌二本鎖切断修復 │　[DSBR] └非相同末端結合 　　[NHEJ]	・損傷乗り越え修復 [TLS] 　SOS 修復 ・相同組換えによる修復 ・テンプレートスイッチ

にシトシンの脱アミノによるウラシルへの変換や，紫外線によるピリミジン塩基の二量体化などは，日常的に非常に高い頻度で起こる．しかしそれでも大部分の細胞が正常な振る舞いを見せているのは，損傷が絶え間なく**修復**されているからである．損傷の修復は細胞健全性維持の基本であり，その機構は直接修復，除去修復，組換え修復，複製時修復に大別される．直接修復は一本鎖 DNA でも可能だが，他はすべて二本鎖 DNA が必要である．

7·3·2　直接修復

損傷部分に直接働き，逆反応のように損傷を修復する機構を**直接修復**という．**光修復**は可視光とフォトリアーゼという酵素を使い，共有結合を解裂させる機構で，細菌や酵母にもみられるが，植物では主要な修復機構である．脱アルキル化では，メチルトランスフェラーゼがメチル化された塩基からメチル基を除く．放射線などで一本鎖切断が起こって末端が $3'$-OH, $5'$-P となっていない場合は，DNA リガーゼが働けるように末端が修飾される．

(a) 光修復　　(b) 脱メチル化　　(c) 一本鎖切断修復

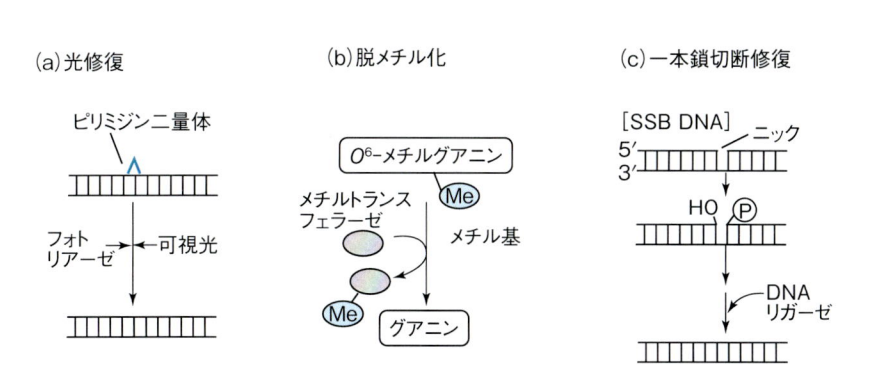

図 7·7　直接修復

7・3・3 除去修復

損傷のある側の DNA 一本鎖をある範囲で除き，その後 DNA ポリメラーゼで修復的に DNA 合成し（☞ **修復合成**），最後に DNA リガーゼで連結するという方式を**除去修復**といい，いろいろなパターンがある．

a. 塩基除去修復［BER］：塩基に生じた小規模な化学修飾やウラシルをもつ DNA の修復で行われる．グリコシラーゼ（ウラシルがある場合はウラシル DNA グリコシラーゼ）で塩基が除かれ，次に **AP エンドヌクレアーゼ**（塩基のついていない部分の DNA 骨格を切断）によって 1 ヌクレオチド分の欠失：**ギャップ**（二本鎖 DNA 上の一本鎖になっている部分）ができ，最終的に修復合成される．

b. ヌクレオチド除去修復［NER］：二重鎖の立体構造が歪むような大きな塩基修飾（例：紫外線による CPD，プラチナを分子内にもつシスプラチンの結合）でみられる．損傷部位を含む数〜数十ヌクレオチドがエンドヌクレアーゼで二か所ニックを入れられ，DNA ヘリカーゼがその断片を除き，修復合成とリガーゼ反応が起こる．大腸菌では **UvrABC 酵素複合体**と **UvrD ヘリカーゼ**，**DNA pol I** がかかわる．真核生物の除去修復は**全ゲノム修復［GGR］**と**転写共役修復［TCR］**の 2 種類に分けられる．GGR は一般的な機構でゆっくり進む．後者は転写反応がかかわるもので，反応は速い．ヒトにこれら除去修復に欠損のある遺伝病（例：**色素性乾皮症［XP］**）があるが，そこでは除去修復にかかわる酵素遺伝子が欠損している．

(a) 塩基除去修復［BER］

損傷塩基　塩基除去　　　　ニック　　　　　　　修復合成，連結

　　　　　DNA グリコシラーゼ　　　　　　　エキソヌクレアーゼ
　　　　　　　　　　　　AP エンドヌクレアーゼ　　　　　　DNApol, DNA リガーゼ

(b) ヌクレオチド除去修復［NER］

　　　　　　　　　　　　　Uvr エンドヌクレアーゼ

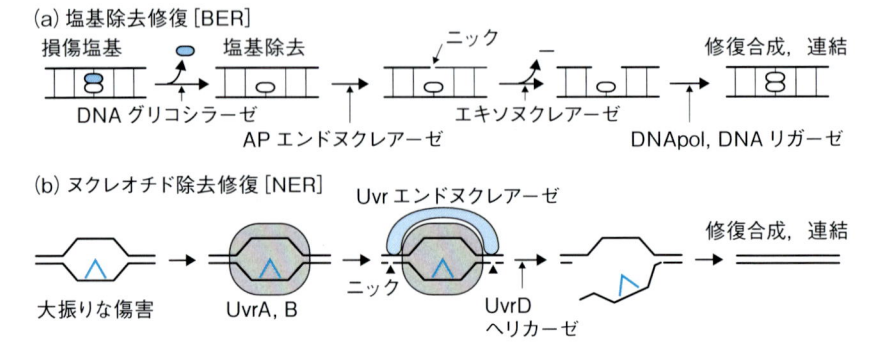

　　　　　　　　　　　　　　　　　　　　　　　　　　　修復合成，連結

大振りな傷害　UvrA, B　　ニック　　UvrD ヘリカーゼ

図 7・8　除去修復のしくみ（細菌の例）

c. ミスマッチ修復：NERに似た機構だが，除去反応にエキソヌクレアーゼが働き，複製後に校正されずに残ってしまったり，変異して安定に残ったミスマッチ塩基（**不対合塩基**）の処理にかかわる．不対合塩基のどちらが変異塩基かは見かけではわからないが，大腸菌ではメチル化度の低い側が「合成されたばかり」というサインになるため，こちらの鎖が標的となる．**MutS/L** と **MutH**（☞Aがメチル化された CTGAG 配列に結合し，エンドヌクレアーゼ活性ももつ）がミスマッチ部に結合して反応が進む．DNAポリメラーゼの校正機能でも直しきれずに残ったわずかな複製の誤りは，この機構によりさらに減らされる．

7・3・4　組換え修復
二本鎖切断修復は組換え機構（7・1 参照）を使って行われる．

a. 相同組換えによる：DNAが二本鎖切断されても無傷な相同DNAがあれば，相同組換えの「鎖切断」のあとの過程を追うようにして反応が進む．大腸菌では中心の機構で，主要組換え因子 RecA が必須である．

b. 非相同末端結合（NHEJ）による：切断DNAが末端同士で再結合する反応で，真核生物，とくに動物細胞でみられる．**Ku70/Ku80** といったDNA末端結合タンパク質とキナーゼの **DNA-PK** がかかわる．最終的にDNAの短縮が起こってしまう．

7・3・5　複製時修復
DNA複製を妨げるような深刻な損傷（**複製ブロック**）があっても細胞は複製を進めながらそこを修復するという能力を有しており，それらを総じて**複製時修復**という．いくつかの機構があるが，いずれの場合も損傷自体は除かれないため，細胞分裂後の一方の娘細胞に損傷が残る．

a. 損傷乗り越え修復（TLS）：大腸菌ではDNA pol ⅣやⅤ，真核生物ではDNA pol η や ι など（☞クラスYのDNAポリメラーゼ）といった，特殊なDNAポリメラーゼ（6章）が関与する．DNA pol η はチミン二量体／CPDに対してAAを対合させる．ただ，いずれの酵素も校正機能がないため，変異が起こりやすい．

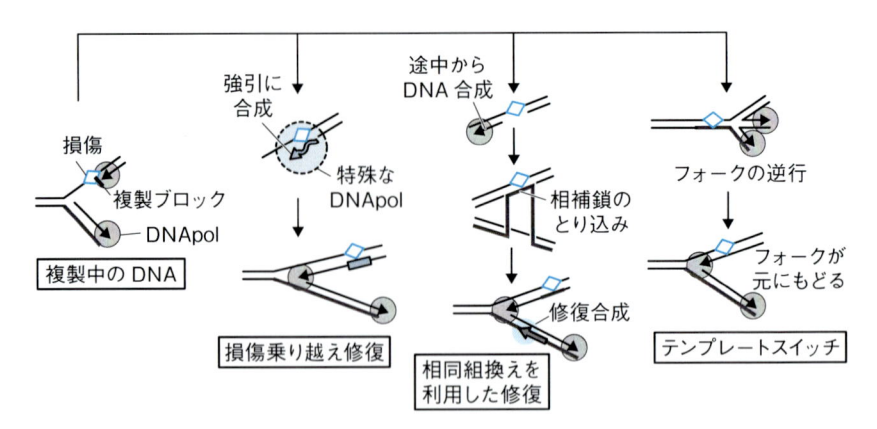

図7·9 複製時修復のメカニズム

b. 相同組換えを利用する：DNA合成が止まった後，その下流からまたDNA合成が始まる．健全な鎖の複製後の一本鎖のDNAを組換え反応によって損傷側に取り込み，健全DNAにできたギャップは修復合成される．

c. テンプレートスイッチ：複製のフォークが一時的に逆戻りするような構造になってDNA合成が進み，その後フォークが正常な位置に戻って複製が再開する．

7·3·6 大腸菌における紫外線損傷DNAの修復

a. 紫外線に対する大腸菌の挙動：大腸菌に紫外線を照射するとピリミジン二量体，とくにCPDが生じて成育に影響する．しかし野生型菌では損傷は修復されるため，少量の紫外線は増殖にほとんど影響しない．このような中で，少量の紫外線ですぐに死ぬ突然変異体が発見されたが，その変異体の解析から主要組換え因子**RecA**が発見された．CPD修復では光修復やNERを中心とした除去修復も働くが，大腸菌では主要なものではなく，主にRecAがかかわる以下の二つの機構が働く．一つは複製時組換え修復で，損傷部分に無傷の一本鎖DNAを付着させる過程でRecAが働く．もう一つは**SOS修復**という大腸菌独特の機構である．

b. SOS修復：細胞が紫外線を受けると緊急細胞応答としてSOS応答が起こるが，この過程で複数のSOS応答遺伝子が発現する．それら遺伝子は，

7·3 損傷DNAの修復

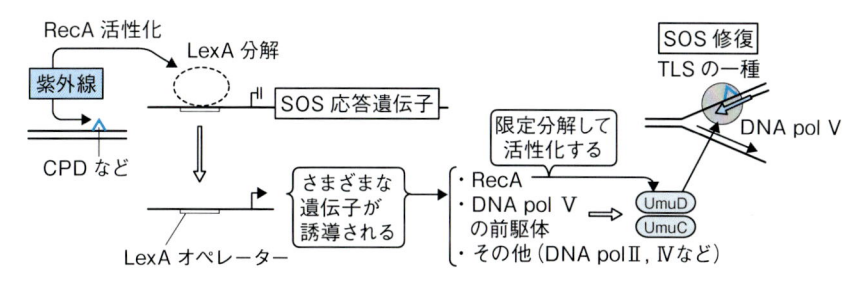

図7·10 大腸菌のSOS応答のしくみ

通常はオペレーターに抑制性因子 **LexA** が結合しているが，紫外線によって RecA が活性化すると LexA に作用して LexA の自己分解を誘導する．これによっていくつかの遺伝子が発現するが，この中には RecA，CPD に AA を対合させる DNA pol V，その他の修復用 DNA ポリメラーゼ（☞DNA pol Ⅱ, Ⅳ）などが含まれる．これによって CPD 部分での傷害乗換え合成 **TLS** が起こり（前述），修復合成が進む．RecA は小川英行によって発見された因子で，上述のように，組換えにかかわる一本鎖 DNA 結合能や相同 DNA 同士を接近させる機能以外にも，タンパク質分解酵素（例：LexA，λリプレッサー）を活性化する機能や ATP アーゼ活性などをもつ．

解説

損傷耐性
　DNA 損傷は頻繁に発生するため，全部を修復しないと複製できないというのでは非現実的である．そのため細胞には損傷があっても複製を開始・続行する**損傷耐性**という性質がある．真核生物には過度な損傷があると細胞周期を止めて修復を優先させる **DNA チェックポイント能**がある（☞ただし限度を超えると細胞が自死する）．

演習
1. 細胞内で起こる DNA 組換え機構を分類しなさい．
2. 組換えや紫外線による DNA 損傷の修復で初期に働く大腸菌の因子を何というか．その主な役割は何か．
3. シトシンが脱アミノ反応で生じる損傷と，その修復機能について説明しなさい．
4. 細胞に残る DNA の変異を最小限にするために細胞に備わっている機構を二つ述べなさい．
5. 損傷乗り越え合成について説明しなさい．

8 RNAの合成と加工

転写は遺伝子発現の主要なステップで，RNAポリメラーゼが二本鎖DNAの一方を鋳型にしてRNAを合成する過程である．酵素はDNA上のプロモーターに結合した後，3′の方向に向かってRNA鎖を伸ばし，適当な方法で転写を終える．合成されたRNAは塩基修飾，限定分解，スプライシングなどの機構によって加工され，成熟する．

8・1 RNAを合成する：転写

8・1・1 転写とは

生物が遺伝子発現を目的にDNAの塩基配列を写し取ったRNAをつくることを**転写**といい，**RNAポリメラーゼ**（RNA pol）によって行われる．転写過程は酵素が遺伝子を含むDNA領域の一方の端に結合することで始まり，転写の開始後は遺伝子の結合位置とは反対側に向かってDNA上を移動しながらRNA鎖を合成し（**転写伸長**），酵素がDNAから離れることによって転写が終わる（**転写終結**）．酵素が2個のヌクレオチドを取り込んだ時点を**転写開始**といい，その前のDNAに酵素や転写調節因子が結合する転写の準備段階を**開始前**という．開始前の段階は転写調節の主要な標的になる（9章）．遺伝子の転写が始まる側を上流，反対側を下流といい，転写は遺伝子ごとに実行されるが，これを**モノシストロニック転写**という（シストロンとは遺伝

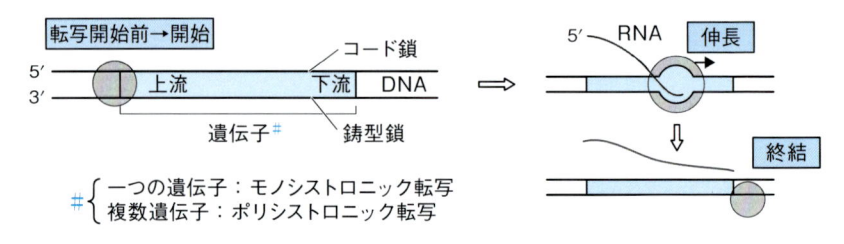

図8・1 転写の全体像

子とほぼ同義）．これに対し，細菌では複数のシストロンが一気に転写される**ポリシストロニック転写**もみられる．

8・1・2　転写の酵素学

RNA pol は二本鎖 DNA に結合するので，鋳型としては二本鎖が必要である．酵素は二本鎖のうちの一方（**鋳型鎖**）を鋳型とし，それと相補的な DNA の塩基配列（☞ 遺伝情報をもつ**コード鎖**）に相当する RNA を合成する．RNA 合成反応も DNA と同じく 3′ 端の方向に進むが，DNA ポリメラーゼが鎖合成の開始ができないのに対し，RNA pol は何もないところから鎖を合成することができる（☞ **プライマー非要求性**）．酵素は 4 種類の三リン酸型の（リボ）ヌクレオチドのうち鋳型と相補的な塩基に相当するものを選び，鋳型上でリン酸ジエステル結合をつくりながら RNA 鎖を延ばす．糖の 3′ 位は –OH の必要があり，A に対しては U が選ばれる．酵素が下流に達すると，できた RNA 鎖は鋳型から離れる．

8・1・3　転写の意義

意義の一つは DNA の保護である．細胞内で機能する分子として DNA を使うと DNA の損傷の危険性が増すので，DNA はなるべく使わず，そのコピーである RNA を実動分子として使うことは理にかなっている．二つ目の意義は遺伝情報量のダイナミックな活性調節である．通常 DNA は細胞に 1～数コピーしかないため，活性変化は高々数倍である．しかしコピー分子としてつくる RNA は細胞あたり～100 万分子程度にすることも可能になるし，逆

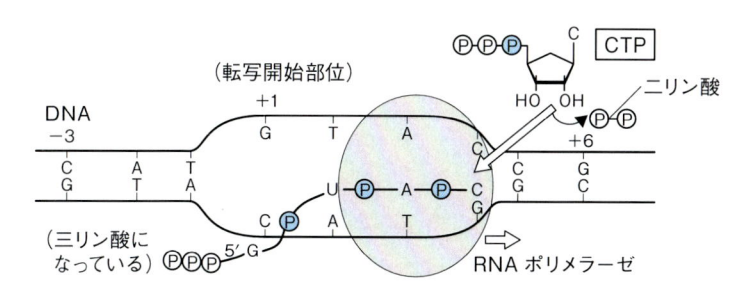

図 8・2　RNA の合成反応

にRNAをまったくつくらないということもできる．RNAを使うことにより驚異的に大きなダイナミックレンジで遺伝子を発現させることができ，きわめて機動性に富む．ただRNAに機動性をもたせるためにはRNAがあまり安定であっては都合が悪く，事実RNAは細胞内では不安定であり，細胞内には多種多様なRNA分解酵素が存在する．

8・2 転写の開始機構

RNA polが結合する転写開始部位付近のDNA領域を**プロモーター**といい，およそ10〜数十 bpの範囲におよび，その中にRNAポリメラーゼが結合するための**共通配列**（**コンセンサス配列**）が存在するものもある．

8・2・1 大腸菌の場合

大腸菌のRNA polは，α (アルファ) 2個，β (ベータ)，β'，ω (オメガ) の各サブユニット1個からなる**コア酵素**に，脱着可能な σ (シグマ) **因子**がついて完全な機能をもつ**ホロ酵素**となる．プロモーターにはATに富む**−10領域**（**プリブノウボックス**ともいう）と**−35領域**といった共通配列があり，σ因子がここを認識し，酵素がプロモーターに結合する．結合後，転写開始部位付近のDNAが部分変性して活性化状態になる．σ因子は複数種あり，通常はσ^{70}が使われる．しかし栄養飢餓時や熱ショック時などでは別のσ因子が発現し，そのσ因子をもつホロ酵素ができ，酵素はその状況で必要とされる遺伝子のプロモーターに結合する．すなわち，σ因子にはプロモーター選択性がある．転写開始後しばらくするとσ因子は転写を続けるコア酵素から離れ，別のコア酵素に結合する．この現象を**シグマサイクル**という．

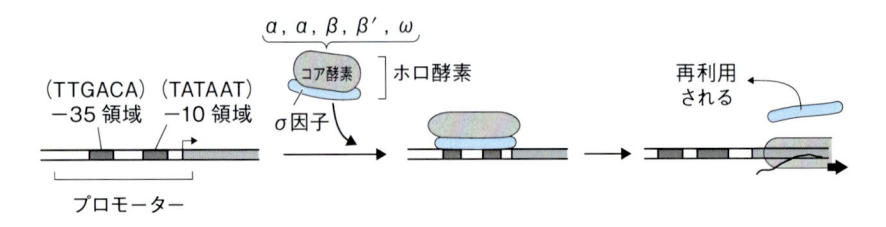

図8・3 大腸菌のプロモーターとRNAポリメラーゼ

表 8·1 真核生物の主な RNA ポリメラーゼ (RNA pol) と作られる RNA の種類

	RNA pol I	RNA pol II	RNA pol III
作るRNA	rRNA●	mRNA (pre-mRNA●) snRNA, ある種の miRNA● mlncRNA	tRNA, u6-snRNA 5S rRNA, miRNA●など

●：前駆体. RNA の種類については 10 章参照.

8·2·2 真核生物の RNA ポリメラーゼ

真核生物のゲノムを転写する RNA pol には少なくとも 3 種類ある．それらは **RNA pol I**（rRNA を合成），**RNA pol II**（mRNA を合成），**RNA pol III**（5S RNA, tRNA などの小型 RNA を合成）で，いずれも 10 個以上のサブユニットからなる．α アマニチンという毒キノコの成分は RNA pol II を強く，RNA pol III を弱く阻害する．プロモーターの構造は各酵素に特異的であり，それぞれにおける共通配列はそれほどはっきりしない．RNA pol II 系の遺伝子の数は非常に多いが，20%程度の遺伝子には共通配列として約 −30 位（マイナスは転写開始部のさらに上流）に AT に富む配列 **TATA ボックス**がある．RNA pol III の多くのプロモーターは転写開始部位から下流にかけて存在する．

8·2·3 RNA pol II の CTD とそのリン酸化

RNA pol II の最大サブユニットには **CTD**（C 末端領域）というユニークな構造がある．CTD は YSPTSPS の 7 アミノ酸を単位とし，ヒトでは 52 回繰り返している．CTD 内のセリン（☞2 番目や 5 番目）はリン酸化され

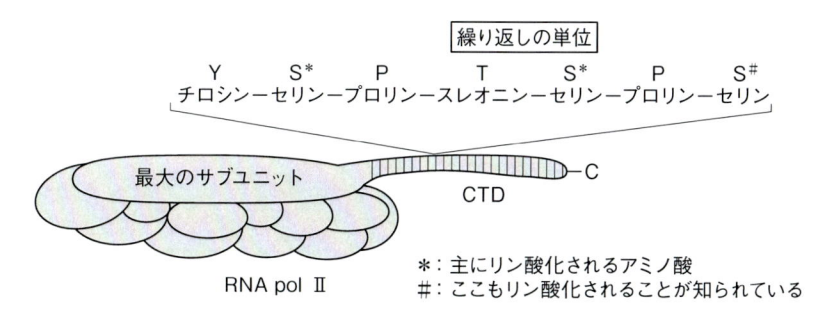

図 8·4　RNA pol II の CTD（C 末端領域）

るが，これにより転写効率が上昇する．CTD リン酸化にかかわる因子として基本転写因子（後述）の **TF Ⅱ H**，**メディエーター**（9 章），転写伸長因子の **P-TEFb** などがある．このように CTD は，転写そのものの効率にかかわるほか，リン酸化 CTD が mRNA 修飾因子（後述）の結合部位になるなど，mRNA 前駆体の成熟にもかかわる．

8・2・4 基本転写因子

真核生物の RNA pol は単独ではプロモーター結合や転写開始ができず，複数の**基本転写因子**を必要とする．RNA pol Ⅱ の基本転写因子の中には酵素を呼び込む因子（☞ TF Ⅱ B［最も本質的な基本転写因子］），DNA に結合してほかの基本転写因子などを呼び込む因子（☞ TF Ⅱ D），酵素をリン酸化して活性化したり DNA を部分変性させるヘリカーゼ活性をもつ因子（☞ TF Ⅱ H），酵素の機能発現に必要な因子（☞ TF Ⅱ F）などがある．RNA pol Ⅱ の基本転写因子は遺伝子の種類にかかわらず共通に用いられる．

8・3 転写伸長と終結

8・3・1 細菌での機構

細菌の遺伝子内には転写伸長速度を減衰させる配列：**アテニュエーター**が見られるが，この配列の構造と機能は下記のターミネーターと基本的に同じである．**ターミネーター**は転写が終結する配列で，その構造の特徴は，GC に富む配列とその少し下流にある T 配列の連続である．ここを転写されてできた RNA は GC に富む部分で**ステム-ループ構造**（あるいは**ヘアピン構造**）をとり（4 章），ステム部分の下流に U の連続配列をもつ．この構造が

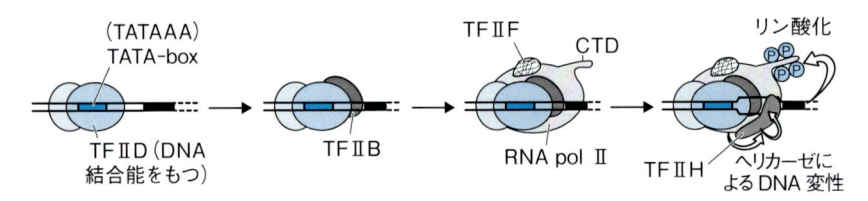

図 8・5　RNA pol Ⅱ の基本転写因子が転写開始前にプロモーターに集まり，DNA-タンパク質を活性化する様子

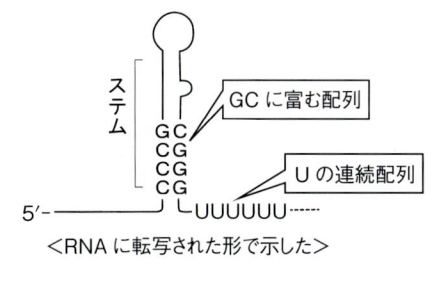

図 8·6 細菌のターミネーター配列

あると酵素が一時停止し，連続 U 配列と DNA との結合が弱いために RNA が鋳型から離れ，転写が終わる．この転写終結機構をロー非依存性終結という．転写終結には**ロー（ρ）依存性**のものもある．RNA に結合したヘリカーゼ活性をもつ ρ 因子が下流に移動して休止中の RNA pol に接近し，RNA pol 共々，RNA を DNA から離す．

8·3·2 真核生物の場合

真核生物ゲノムはクロマチン構造をもち，酵素も複数種あるため**転写伸長**の制御は多様である．細胞にはクロマチンの構造を再構成する因子がいくつか存在するが，そのうちのあるものは酵素の転写伸長効率を高める．RNA pol II にも DNA pol のような校正能があるが，転写伸長因子 S2 は酵素の動きをスムーズにさせる．P-TEFb キナーゼは CTD をリン酸化して転写伸長速度を高め，NELF や DSIF は P-TEFb に拮抗して転写伸長の抑制にかかわる．

真核生物の転写終結に関し，RNA pol II 系遺伝子では，つくられた RNA 鎖の 3′ 末端付近に AAUAAA という**ポリ A 付加シグナル**などがみられるが（後述），これは転写終結シグナルではない．RNA pol II は遺伝子下流のさらに下流まで進む．しかし，ポリ A 付加シグナル下流にある配列が RNA 自身を切断するために一定長さの RNA ができる．

8·4 RNA の加工

8·4·1 RNA は合成後に加工されて成熟する

RNA は転写されたばかりの形態で作用することはなく，大部分は加工・

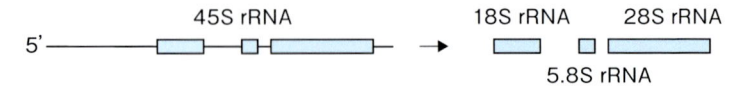

図 8・7　限定分解による動物細胞 rRNA の生成

修飾を受けて成熟形となる．加工には限定分解，スプライシング，塩基修飾，ヌクレオチド付加，塩基置換などがあるが，これらの機構はとりわけ真核生物では多様である．**塩基化学修飾**は tRNA に多くみられるが（例：プソイドウリジン），実際には普遍的にもみられ，遺伝現象にもかかわる（☞この現象を **RNA エピジェネティクス**という）．真核生物の mRNA ではキャップ構造近傍の塩基などにメチル化などの修飾がみられる．RNA 中の塩基が置換，挿入，欠失を受ける場合もあり，**RNA 編集**という．

　長い前駆体として合成された RNA が特定部分で切断されて成熟する方式を**限定分解**という．動物細胞のリボソーム RNA は 45S RNA として合成された後（☞S は沈降係数），切断を経て 5.8S，18S，28S の rRNA が生成する（注：5S rRNA は別の遺伝子から転写される）．

8・4・2　真核生物の mRNA の成熟

　真核生物の mRNA はそれぞれの特異的酵素により，3′ 端には約数十～200 塩基長のアデニル酸の連続配列（**ポリ A 鎖**）が，また 5′ 端には 7-メチルグアノシンをもつ**キャップ構造**が付加される．これらヌクレオチド付加などによる修飾はスプライシングの効率化，mRNA の安定化，そして翻訳の

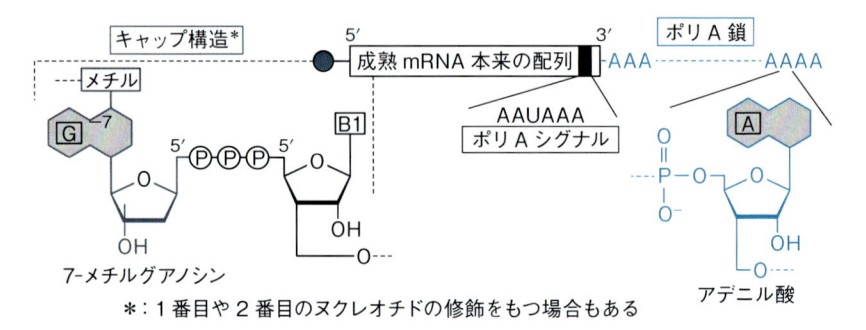

＊：1 番目や 2 番目のヌクレオチドの修飾をもつ場合もある

図 8・8　真核生物の mRNA の構造

効率化に効く．mRNAの加工にかかわる修飾因子はRNA pol IIのリン酸化CTDに結合し，転写後，続けて修飾が起こる．

8・4・3 スプライシング

RNA加工の一つに，RNAの内部を除いてから繋ぎ直す**スプライシング**という現象がある．これによって除かれる部分を**イントロン**，成熟RNAに残る部分を**エキソン**という．mRNAでは普遍的にみられるが，ある種のtRNAやrRNAにもみられる．スプライシングは同一のRNA前駆体分子内で起こるが，異種分子間で起こる場合（**トランススプライシング**）もある．tRNAやrRNAなど，それ以外のスプライシングは内部のイントロン1個が除かれるが，この反応はRNA自身の活性によって起こる**自己スプライシング**によって進む．すなわち，それらのRNAはRNA酵素「**リボザイム**」である．なおtRNAのスプライシングには外来の酵素**RNアーゼP**が関与するが，RNアーゼPの酵素活性はその中に含まれる小さなRNAがもつ．

8・4・4 mRNA成熟にかかわるスプライシング

真核生物のほとんどのmRNAをコードしている遺伝子は複数のイントロンをもち，両端のエキソンがアミノ酸をコードしない場合もある．複数のエ

(a) スプライシングの概要

(b) 選択的スプライシングの例

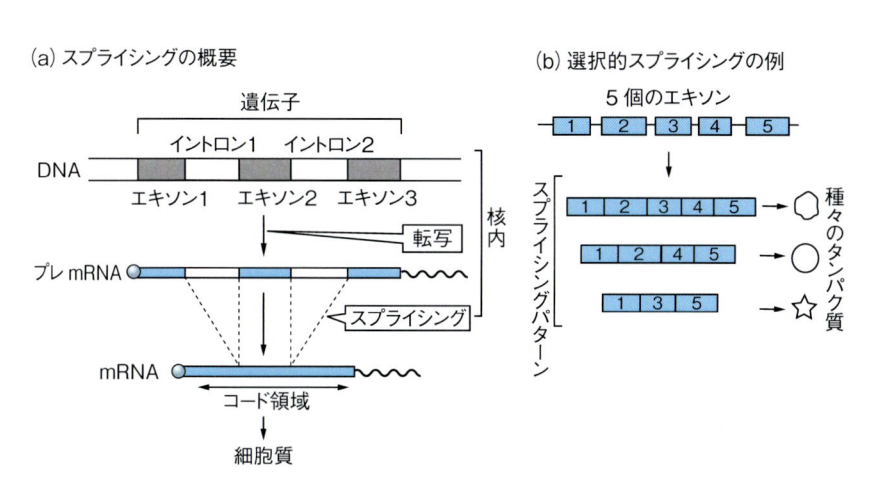

図8・9　mRNAのスプライシング

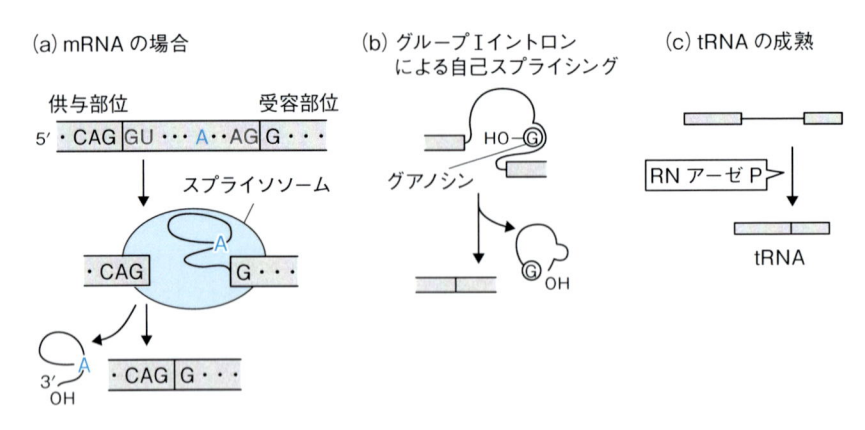

(a) mRNA の場合　　(b) グループ I イントロン　　(c) tRNA の成熟
　　　　　　　　　　　による自己スプライシング

図 8・10　スプライシングのメカニズム

キソンをもつ場合，それらすべてのエキソンが使われず，特定のエキソンが選ばれて使われる機構があり，**選択的スプライシング**という．mRNA のスプライシングは，**スプライソソーム**といわれる巨大複合体が mRNA 前駆体に結合し，切断と再結合反応によってスプライス反応を進めるが，このとき，イントロンの端は 5′-GU……AG-3′ 配列をもつという規則性がある．連結されるエキソンも，上流側（供与部位）が CAG，下流側（受容部位）が G になっていることが多い．スプライソソームには RNA（10 章参照）とタンパク質性の因子が含まれ，snRNA のある部分はスプライシング部位の塩基配列と相補性がある．

8・4・5　mRNA スプライシングの意義

　イントロンをもつことは生物にとって不経済なように思えるが，実はそうでもない．個別のエキソンがタンパク質中の個別の機能領域を形成している場合があるが，この現象は機能領域を組み合わせることによってより複雑な働きをもつタンパク質を効率的につくる機構とみることができる．選択的スプライシングにも同様の意義があり，一つの遺伝子を多様なタンパク質合成に利用するシステムととらえることもできる．スプライシングの別の意義として，イントロンのあることが効率的な翻訳に必要という事実も知られている（11 章）．

8·5 RNA の移送と消長

細菌では RNA は細胞質でつくられるため，RNA に関する特別な局在機構や輸送機構はなく，転写されたその場ですぐに翻訳・タンパク質合成に利用される．この現象を**転写翻訳共役**という．他方，真核生物の場合，転写は核で起きるが翻訳は細胞質で起こるため，タンパク質合成にかかわる mRNA や tRNA は核膜孔から細胞質に出る．mRNA の加工やスプライシングは核膜から外に出るところで行われる．rRNA は核質ではなく，**核小体**でつくられる．

8·6 RNA 関連酵素

DNA 合成のプライマーをつくる酵素**プライマーゼ**は転写用酵素の阻害剤（例：細菌でのリファンピシン）に耐性を示す．RNA ウイルスが自身の RNA を元に RNA をつくる酵素は **RNA レプリカーゼ**といわれる．RNA を分解する酵素を**リボヌクレアーゼ**，あるいは **RN アーゼ**といい（注：ヌクレアーゼという名称の酵素は RNA に加え，DNA も分解する［5 章］），多くは一本鎖をエンド形式で分解するが（例：RN アーゼ A，H，T1），中にはそれ以外のものもある．DNA-RNA ハイブリッド中の RNA を分解する **RN アーゼ H** や，切断の塩基特異性を示すものもある（例：RN アーゼ T1 は G で，RN アーゼ U2 は A で）．

演習

1. 転写の酵素反応が複製と異なる点をあげなさい．
2. 真核生物の遺伝子を含むゲノム DNA を大腸菌に入れても発現しない理由を，RNA ポリメラーゼの働きと RNA の加工という観点から述べなさい．
3. 動物細胞で RNA をパルス - チェイス解析すると（6 章），分布が大きな分子から小さな分子に移動するが，その理由を説明しなさい．
4. デオキシチミジンの 20 個程度並んだ鎖の付いた物体を使って真核生物の mRNA を精製することができるが，大腸菌の mRNA ではできない．この理由を考えなさい．

9 転写の制御

　細菌は，ポリシストロニック転写をオペレーター結合因子が一括制御するオペロンや，転写制御因子が複数のプロモーターをまとめて制御するレギュロンをもつ．真核生物にはエンハンサー結合性転写制御因子がコファクターやメディエーターを介してRNA polを活性化する機構があり，そこにはクロマチン修飾による制御もかかわる．

　増殖や分化といった細胞状態の変化は遺伝子発現の変化を伴い，転写を変化させる因子の活性やそれらが働く場の変化もみられる．転写制御は遺伝子と生命現象を結ぶ最も重要な分子遺伝学的過程である．

9・1 転写はさまざまな様式で制御される

9・1・1 転写は制御される

　決まった速度で一定範囲のDNA領域を一度だけ合成する複製と違い，転写は細胞や状況に応じ，遺伝子ごとに行われる．さまざまな転写のステップがあるが，経済性の面からも，制御の大部分はRNA合成以前の「転写開始前」の段階で行われる．遺伝子特異性は不明だが，真核生物ではRNAポリメラーゼⅡ（RNA polⅡ）伸長に関して，クロマチンリモデリング（後述）や酵素のリン酸化（8章）が関与する制御もみられる．本章では転写開始効率を左右する機構について述べる．

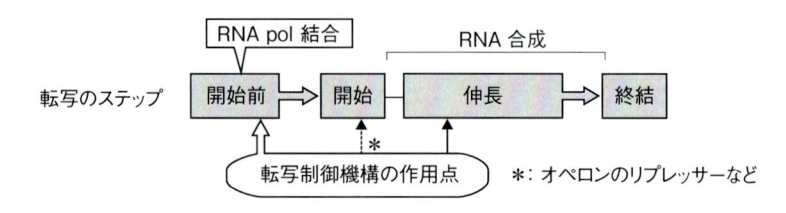

図9・1　転写制御に関わる因子の作用するステップ

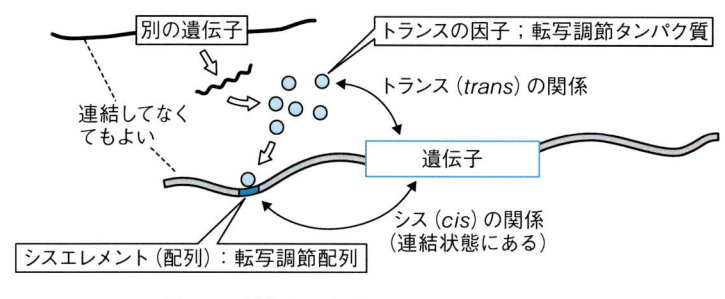

図9·2 遺伝子の発現にかかわる二つの要因

9·1·2 転写制御の基本は DNA とタンパク質の結合

転写制御は DNA とそこに結合するタンパク質の関係で論じられるが，この概念を確立させたのはオペロンにおける転写制御を明らかにしたジャコブとモノーである．転写制御において，制御因子が相互作用する DNA 上の場所を**シスエレメント**（シスの要素［配列］），そこに結合する因子を**トランスの因子**という場合がある．シスとは遺伝子に連結して働くこと，トランスとは当該遺伝子とは別の場所［遺伝子］でつくられ，細胞内に拡散して働くという意味がある．

9·2 細菌の主要転写制御システム：オペロン

9·2·1 オペロンとは

細菌のある複数の遺伝子が一つのプロモーターによって一度に転写されるシステムを**オペロン**という．一つのオペロンには関連する複数の遺伝子(例：糖利用，アミノ酸合成)が縦列に並び，それらが**ポリシストロニック**に転写される．転写後はリボソームが mRNA 中のそれぞれの遺伝子の上流に結合してタンパク質を合成する．プロモーター近傍には**オペレーター**という調節配列があり，転写を起こすかどうかを決める調節タンパク質がそこに結合する．

9·2·2 ラクトースオペロン

ラクトース（乳糖）はグルコースとガラクトースが結合した母乳に存在する二糖で，生物はこれを取り込んで単糖に加水分解し，エネルギー源として利用する．大腸菌にラクトースを与えると，細胞内で**ラクトースオペロン**(lac

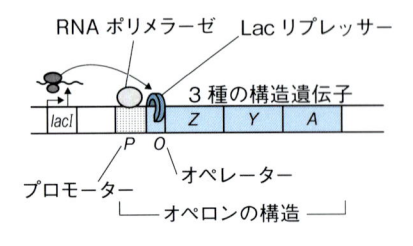

(a) ラクトースのない時
RNA ポリメラーゼ　Lac リプレッサー
3種の構造遺伝子
lacI　　P O　Z　Y　A
プロモーター　オペレーター
オペロンの構造

(b) ラクトースのある時
［ラクトースによる転写誘導］
mRNA
P O Z Y A
ラクトース　オペレーターに結合できない
アロラクトース

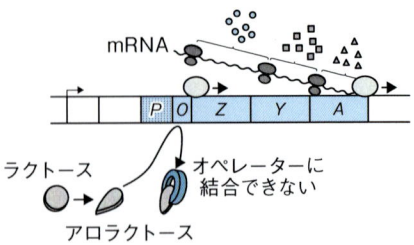

lacZ：β-ガラクトシダーゼ，lacY：β-ガラクトシドパーミアーゼ，
lacA：ガラクトシドアセチルトランスフェラーゼ，lacI：Lac リプレッサーを作る

図 9·3　ラクトースオペロンの構造と発現誘導

オペロン）が働く．lac オペロンにはプロモーター側から **lacZ**（ラクトースを加水分解する **β-ガラクトシダーゼ**をコード），**lacY**（ラクトースを取り込む β-ガラクトシドパーミアーゼをコード），lacA（ラクトースを活性化するガラクトシドアセチルトランスフェラーゼをコード）遺伝子があり，また遺伝子とプロモーターの間にはオペレーターがある．普段オペレーターには抑制因子 **Lac リプレッサー**が結合して RNA pol の働きを阻害しているので，転写はほとんど起こらない（注：ごく弱い転写はみられる）．ラクトースが**誘導物質**として加えられると細胞内でアロラクトースに変換後 Lac リプレッサーに結合するが，こうなったリプレッサーはオペレーターに結合できないため，RNA pol が働けるようになって転写が起こる．定常状態でみられるわずかな転写は，ラクトースを取り込んでオペロンを起動させるのに必要である．

9·2·3　アラビノースオペロン

五炭糖の一つのアラビノースの代謝には**アラビノースオペロン**（*ara* オペロン）がかかわる．*ara* オペロンの調節配列には **AraC** というタンパク質が結合しているが，通常は転写抑制因子として機能する．AraC にアラビノースが結合すると，AraC の DNA 結合状態が変化して転写活性化因子としての機能を発揮し，オペロンが発現する．このように *ara* オペロンは正の誘導を基盤とする．

9・2・4 トリプトファンオペロン

a. トリプトファンが抑制補助因子になる：トリプトファン（*trp*）オペロンは Trp の合成にかかわる．*trp* オペロンには通常 Trp リプレッサーが結合せず，活性化状態にある．しかし Trp 濃度が上がると Trp と結合した Trp リプレッサーが DNA に結合して転写を阻止する．Trp はここではリプレッサーの機能発現に必要なコリプレッサー（**抑制補助因子**）として振る舞う．Trp リプレッサー遺伝子の転写調節部分にも Trp リプレッサー結合部位があり，リプレッサーの作られ過ぎを自己抑制している．

b. Trp は翻訳制御にもかかわる：Trp があると翻訳が進み，Trp を含む短いリーダーペプチドができるが，進行したリボソームの位置効果により RNA 中に**ターミネーター**（8章）が形成され，転写は停止する．他方，Trp

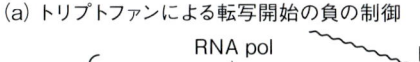

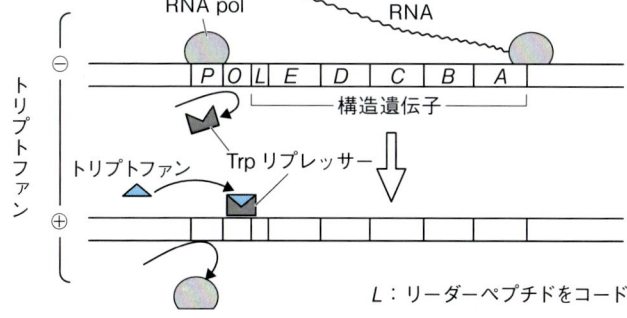

(a) トリプトファンによる転写開始の負の制御

(b) トリプトファンがターミネーター形成にかかわる

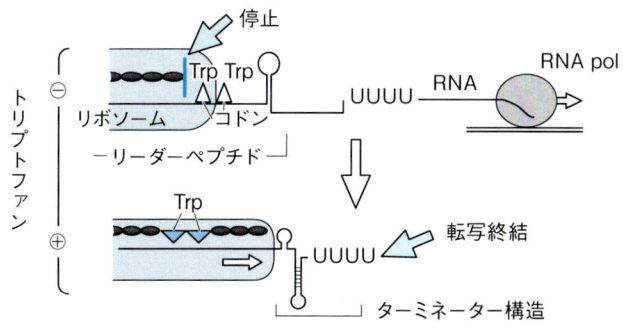

図9・4　トリプトファンオペロンの二つの負の制御機構

がないとリボソームはリーダーペプチドをつくる手前で停止し，mRNA もターミネーター構造をつくらない．このため転写は先まで伸び，オペロン中のそれぞれの遺伝子の翻訳が起こる．この場合の Trp はターミネーターをつくるきっかけの分子として機能する．以上のように細胞内に Trp が充分にあると，細胞は二つの機構で Trp の作り過ぎを遺伝子発現レベルで防ぐ．

9・3 細菌がもつオペロン以外の制御系

9・3・1 カタボライト抑制と CAP

lac オペロンが働き，ラクトースを取り込んで盛んに増殖している細菌の培地にグルコースを加えると，細菌は利用効率のよりよいグルコースを利用するので，ラクトースの利用効率が低下する．この現象を**グルコース効果**というが，糖の異化代謝産物（カタボライト）に関して起こる現象でもあるので**カタボライト抑制**ともいう．

lac オペロンの上流には転写活性化因子 **CAP**（cAMP 活性化タンパク質．**CRP** ともいう）結合部位があり，*lac* オペロンの発現を高めているが，CAP は**サイクリック AMP**（**cAMP**）が結合して活性化状態になる．このような活性化因子結合配列を一般に**エンハンサー**という．細胞内グルコース濃度が高まると cAMP 濃度が下るため CAP は活性を失い，*lac* オペロンの発現が

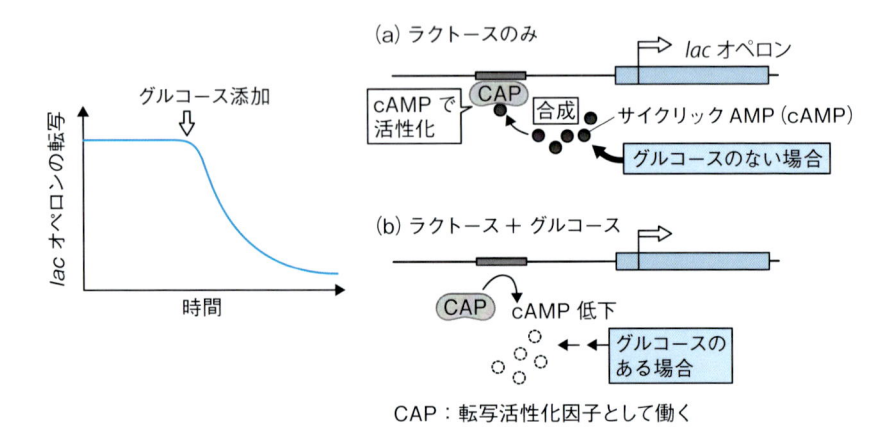

図 9・5 グルコース効果により，糖利用オペロンの転写が低下する

低下する．このように，*lac* オペロンは負（Lac リプレッサー＋ラクトース）と正（CAP ＋ cAMP）の制御を受ける．CAP は糖代謝にかかわる多くのオペロンの転写活性化因子として働く．

9・3・2 レギュロン

a. レギュロンとは：細菌には**レギュロン**という遺伝子発現を一括制御する別のシステムがあるが，レギュロンとは共通の転写制御因子や転写制御機構によって転写調節される一群の遺伝子群あるいはオペロン群である．何らかの化学的・物理的な要因によって複数のプロモーターが活性化や抑制を受け，細胞内の転写が一斉に誘導的に変化する．レギュロンの誘導因子となるものにはリン酸，浸透圧，SOS 応答などさまざまあり，前述のグルコース効果を起こすグルコースもこの一つで，cAMP が結合した CAP が共通の転写活性化因子となる．

b. Pho レギュロン：リン酸で誘導される **Pho**（フォー）**レギュロン**は，リン酸化脱着酵素活性をもつ **PhoR** と，リン酸化されて活性をもつ転写制御因子 **PhoB** の二つの因子がかかわる **2 成分系**を成している．低リン酸状態では PhoR はリン酸化酵素として挙動して PhoB を活性化し，リン酸ボックスというエンハンサーに結合してリン酸利用に関する遺伝子群の転写を高める．しかし高リン酸状態では PhoR は脱リン酸化酵素として働くため，レギュロンの発現は上がらない．

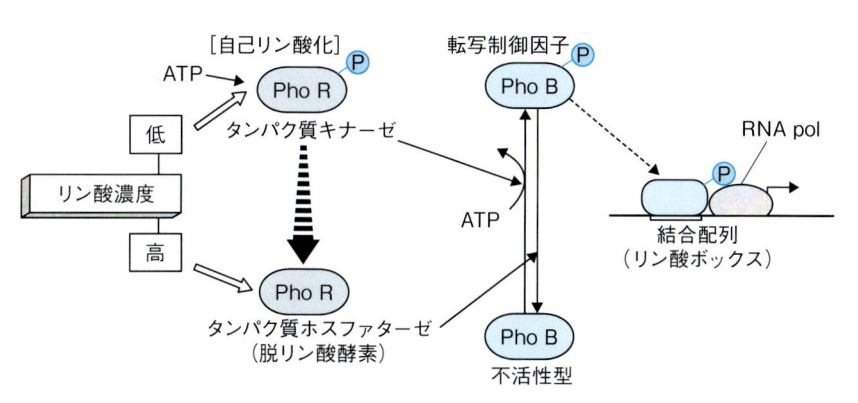

図 9・6　Pho レギュロンの調節のしくみ

9・4 真核生物の転写制御因子

9・4・1 転写活性化配列：エンハンサー

真核生物にも，遺伝子があるDNAの上に数bp〜10数bpの**エンハンサー**が存在する．細菌の場合と異なり，エンハンサーの位置にはかなりの自由度があり，遺伝子の数kb上流にある場合の他，遺伝子の内部や下流にある場合もある．エンハンサーには**転写制御因子**が結合して実際の転写活性化のための機能を果たす．エンハンサーは転写の組織特異性や時期特異性にもかかわるが，これは対応する転写制御因子の活性量が特異的に調節されていることにほかならない．ホルモンや熱，外来毒物や金属，化学物質（リガンド）や物理的要因によって遺伝子発現が誘導される場合，それら遺伝子は誘導性のエンハンサー，すなわち**応答配列**をもつ．エンハンサーの種類と数，それらの位置は遺伝子特異的で，それが遺伝子ごとの制御を可能にしている．

9・4・2 転写制御因子の構造と働き

転写制御因子にはいくつかの機能領域（**ドメイン**）があるが，それらは転写制御，DNA結合，二（多）量体形成，他のタンパク質との結合，リガンド結合にかかわる．DNA結合領域が他の領域と密接に関連して働く場合，特徴的な**モチーフ構造**が形成される．転写制御因子のモチーフには，**ヘリックス–ターン–ヘリックス（HTH）**，**ヘリックス–ループ–ヘリックス**，**ジンク［Zn］フィンガー**，**b-ZIP**などがあるが，細菌のDNA結合因子は大部分がHTHである．ジンクフィンガーは亜鉛原子をタンパク質中のヒスチジン

(a) エンハンサーはいろいろな場所にみられる

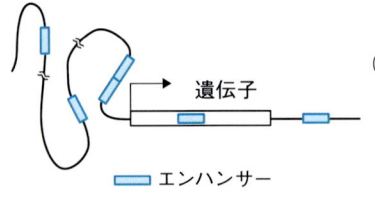

(b) エンハンサーの働き
・転写の活性化
・転写の組織／時期／細胞特異性
・転写の誘導

(c) 応答配列の例

応答配列	コンセンサス配列	結合因子
cAMP応答配列	TGACGTCA	CREB
ステロイド応答配列	AGGTCAN$_3$TGACCT	ER
血清応答配列	CCATATTAGG	SRF

図9・7 真核生物のエンハンサー

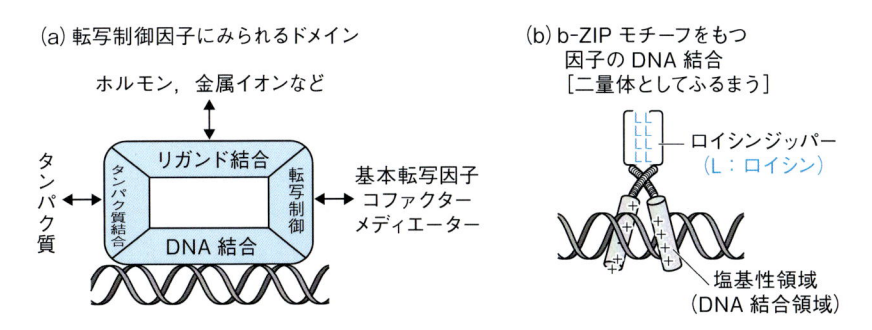

(a) 転写制御因子にみられるドメイン

(b) b-ZIP モチーフをもつ因子の DNA 結合
　　　［二量体としてふるまう］

図9・8　転写制御因子の構造

やシステインが取り囲む構造をもつ．b-ZIP は塩基性（basic）領域とヘリックスからなるが，ヘリックス中にあるロイシンの集団が同じ構造をもつヘリックス（αヘリックス）とジッパーのように結合するのでタンパク質が二量体になる．転写活性化部位はこれらモチーフの近傍にあるが，構造の共通性は少ない．転写制御因子のあるものは b-ZIP のように，同一あるいは他の類似因子との間で安定な二量体を形成する．転写制御因子は基本転写装置と直接・間接相互作用するため，そのようなタンパク質と結合する領域をもつ．

9・4・3　転写制御因子の活性調節

転写因子が細胞内で活性を発揮する場合，すでに細胞内にある転写制御因子が刺激を受けて誘導的に活性をもつようになる例が多くみられる．活性化

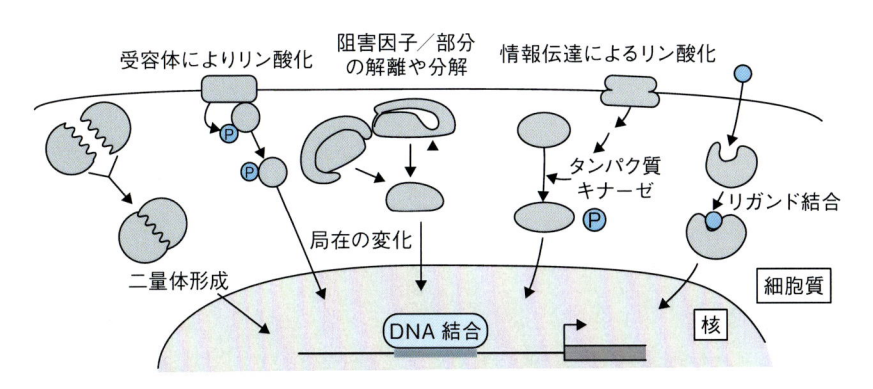

図9・9　さまざまな転写制御因子の活性化機構

の様式にはリン酸化，限定分解，二量体形成，局在変化（例：細胞膜や細胞質から核へ），リガンド結合などがあるが，リン酸化が構造・局在の変化のシグナルになることが多い．このことは，細胞内情報伝達の当面の目的がタンパク質キナーゼによるリン酸化を介した活性化であり，その最終的な標的分子のほとんどが転写制御因子であることと関連する．細胞にcAMPを加えると複数のcAMP応答遺伝子の転写が上るが，そのような遺伝子は応答配列としてcAMP応答配列（CRE）をエンハンサーにもち，そこにCREBが結合して転写活性化能を現す．cAMP上昇はタンパク質リン酸化酵素を活性化し，それによってCREBがリン酸化されて機能を発揮する．

9・4・4　よく知られている転写制御因子

a. 普遍的因子：Sp1，NF1，p53などがある．**p53**は癌抑制因子で，細胞増殖抑制や細胞死誘導にかかわる．

b. 組織／時期特異的因子：免疫系ではOct2，筋肉系では**MyoD**，神経系ではMash1，血球系ではGATA因子群などがあるが，多くは細胞分化ともかかわりがある．

c. 発生分化にかかわる因子：ホメオボックス因子（例：ビコイド），未分化状態維持に働くOct3/4などがある．

d. ホルモン，増殖因子，サイトカインなどで活性化される因子：インターフェロンに応答するSTAT因子群，増殖や免疫系に関するNF-κBなどがある．

e. 物理刺激に応答する因子：低酸素で活性化するHIF-1α, 熱に応答するHSFFなどがある．

f. 低分子リガンド応答因子：ステロイドホルモン受容体やレチノイン酸受容体などの**核内受容体**，金属に応答するMTF，cAMPに応答するCREBなどがある．

g. 細胞増殖・癌化関連因子：C-Myc，E2Fなどがある．

9・5　転写制御因子の作用機構

9・5・1　なぜ転写効率を上げられるのか

エンハンサーが働くのは，そこに転写制御因子が結合し，さらにそれらが

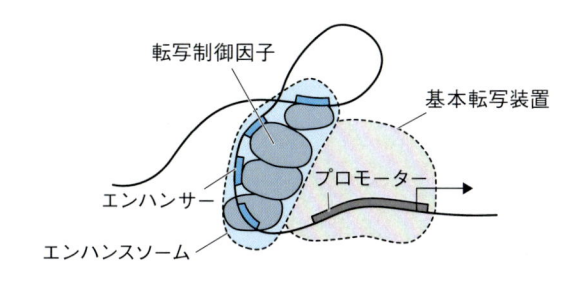

図9·10 エンハンサーは集約されてより高い効果を発揮する

プロモーター付近に集合する**基本転写装置**（☞基本転写因子＋RNA pol）と相互作用し，基本転写因子がプロモーターで安定化されて機能を発揮し，最終的には RNA pol II が基本転写因子で安定化されたり，リン酸化などを介して活性化されるからである．エンハンサーの働きは遺伝子に対する位置，距離，向きにあまり影響されないが，これは DNA が柔軟なクロマチン構造をとり，遠方にある転写制御因子がタンパク質間結合によってプロモーターに機能を及ぼせるためである．エンハンサーは多数存在する方が効果が大きいが，これも因子と基本転写装置の結合が相乗的に強まるためと考えられる．クロマチン上ではエンハンサー結合タンパク質同士が大きな集合体（**エンハンスソーム**）となり，効率的に活性化能を発揮できるような構造をとる．

9·5·2 転写制御因子の補助因子：コファクター

細胞内に転写制御因子があっても機能できる場合とそうでない場合があるなどという観察から，転写制御因子の機能を DNA 上で発揮させる**転写補助因子（コファクター）**の存在が明らかになった．コファクターは DNA 結合能がなく，代わりに転写制御因子と結合する（☞場合によっては基本転写装置とも）．転写活性化に効くものを**コアクチベーター**，抑制に効くものを**コリプレッサー**という．コファクターの種類は非常に多く，補助する転写制御因子との組合せもまちまちである．**CBP**，**PCAF**，**SAGA** などは普遍的コアクチベーターで，**HAT**（**ヒストンアセチル化酵素**）活性をもち，近傍のヒストンや転写因子などをアセチル化するが，アセチル化により転写活性が上がる．コファクターの多くは転写制御因子の種類特異的で，中には組織特

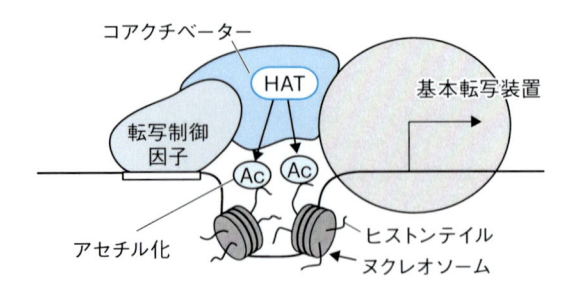

図 9·11　コアクチベーターと HAT の役割

異的なものもある．ホルモン受容体の機能にもコアクチベーターは重要であるが，転写が不活性化される場合は代わりにコリプレッサーが用いられる．コリプレッサーには**ヒストン脱アセチル化酵素（HDAC）**の結合する例が知られている．

9·5·3　メディエーター

R. コンバーグらによって見出された転写制御を司るタンパク質で，バリエーションはあるが，基本的に細胞に 1 種類存在し，30 個程度のサブユニットからなる．RNA pol II や種々の転写制御因子と結合する能力をもち，コファクターや基本転写因子とも機能的に相互作用する．メディエーターには**タンパク質キナーゼ**が含まれており，これにより RNA pol II の CTD がリン酸化され，転写開始効率が上昇する．転写制御が達成されるためには転写制御因

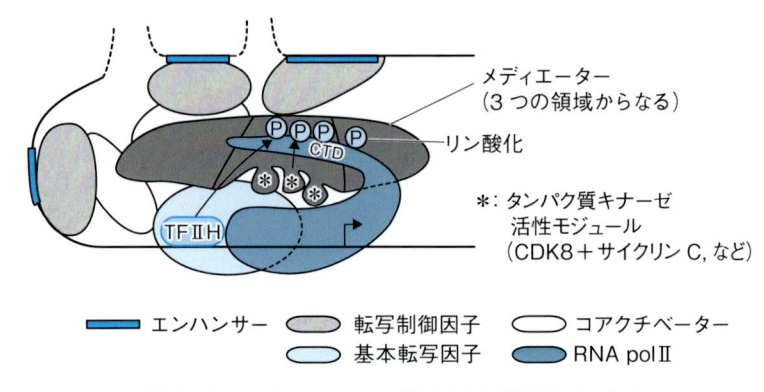

図 9·12　メディエーターの働きと転写制御因子の集約

子とRNA pol IIを含む基本転写装置がメディエーターに結合する必要がある．

9・5・4 転写の抑制

転写の抑制はいろいろな原因で起こるが，多くは転写活性化因子に結合してその機能を抑制したり，DNAに結合して立体的に転写制御因子の働きを阻害したり，正の転写制御因子の結合を阻害するといった消極的な阻害形式が多い．HDACが関与する積極的阻害の例もある．

9・6 クロマチンを基盤とする転写制御

真核生物のゲノムDNAは**クロマチン**という核タンパク質の状態にある(12章)．クロマチンの状態は転写制御や転写伸長にかかわる因子に少なからず影響を与えるため，必然的に転写効率はクロマチン状態に関連する．通常高度に凝集しているクロマチン線維はヘテロクロマチンに含まれ，転写という観点からは抑制状態にある．また，ヌクレオソーム状態はRNAポリメラーゼの伸長にとってストレスになる．以上の観点から，真核生物の転写制御では，まずクロマチンレベルの変化が起こる必要があると考えられる．

9・6・1 DNAレベルのクロマチン修飾

DNAとタンパク質（ヒストンなど）からなるクロマチンにおける修飾の一つはDNAの**メチル化**である．プロモーター領域には5′-CpG配列がまとまって存在する**CpGアイランド**をもつものが多く，その中のCの5位がメチル化酵素でメチル化される．メチル化で転写が抑制される場合が多いが，

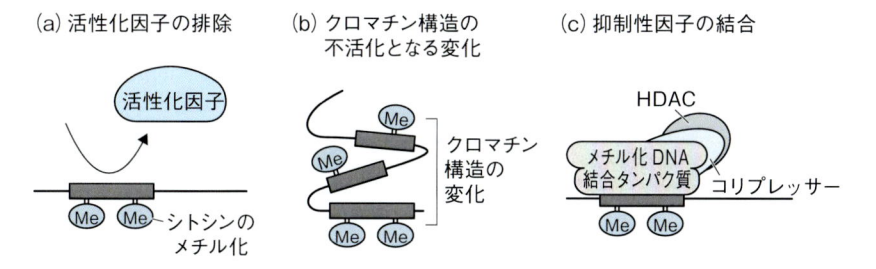

図9・13 DNAのメチル化が転写抑制につながる機構の例

この機構として活性化因子の結合抑制が考えられる．このほか，そこにタンパク質が結合し（例：MBD, MeCP2），それが転写抑制に働くコリプレッサーやヒストン修飾因子を呼び込むといった機構もある．細胞が癌化するとメチル化のパターンが変化することが知られている．

9·6·2 ヒストンの化学修飾

クロマチンの基本単位は**ヌクレオソーム**であるが（12章），その成分である**コアヒストン**（☞H2A, H2B, H3, H4）の化学修飾も転写効率を変化させる．ヒストンのN-末端部分（**ヒストンテイル**）は，アセチル化，メチル化，リン酸化プロリンの異性化に加え，**ユビキチン**や**SUMO**といった小型タンパク質結合などの化学修飾を受けやすい．リシンのアセチル化はコアクチベーターなどの**HAT 活性**（上述）により，転写活性化につながる．HAT 活性をもつものはコアクチベーター以外にも基本転写因子や転写制御因子，そして一般的な細胞内の酵素などと多様である．HAT が転写制御因子を修飾する場合もあるが，その場合も多くは転写が活性化する．

メチル化には修飾されるヒストンの種類，修飾アミノ酸，メチル基の数の違いによる膨大な多様性があり，それによって活性化・抑制のいずれかにつながるかが決まる．H3K4（H3 の 4 番目のリシン）のメチル化は転写活性化，H3K9 や H3K27 のメチル化は転写抑制の例として知られている．一般にリン酸化（セリンの）は転写活性化，小型タンパク質修飾（☞主にリシンについて）は転写抑制につながる．ヒストンテイルはクロマチン化学修飾がまとまって存在する場所だが，この修飾は細胞増殖後も安定に保たれ，細胞

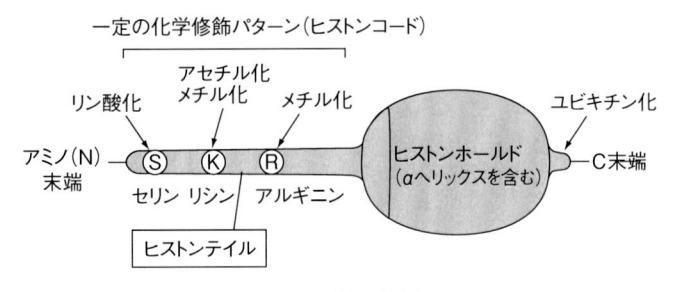

図 9·14 コアヒストンの化学修飾とヒストンコード

> **解説** **染色体にある遺伝コード**
> 通常，遺伝暗号（遺伝コード）といえばアミノ酸を指定するコドンのことだが，ここまでの説明でわかるように，染色体／クロマチンにはこのほか，転写制御配列／シスエレメントがもつ制御コードやヒストンがもつヒストンコードがある．

の遺伝的性質の決定の一端を担っている．ヒストンテイルでの化学修飾パターンを**ヒストンコード**という

9・6・3 クロマチンリモデリング

ヌクレオソームが形成される DNA 上の位置は不変ではなく，**クロマチンリモデリング因子**（例：SWI/SNF）によって再構成されうるが，この位置変化，あるいは形成の有無が転写制御因子の結合などに影響することから，結果的にリモデリング因子が転写効率に影響を及ぼす．位置の変更のためにはいったんヌクレオソームを解きほぐすエネルギーが必要なため，これらの因子には **ATP アーゼ活性**をもつサブユニットが含まれる．

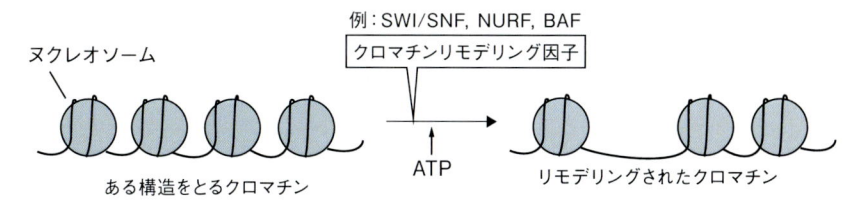

図9・15 クロマチンの再構成（リモデリング）

> **演習**
> 1. 効率や制御という観点から，複製と転写を比較しなさい．
> 2. ラクトースオペロンを正に誘導する物質と負に誘導する物質は何か．
> 3. ステロイドホルモンを細胞に与えると特定の遺伝子の発現誘導が起こる．このとき，その遺伝子の転写制御はどのようになっているかを説明しなさい．
> 4. 真核生物の転写制御因子は，クロマチン修飾因子を除くと4種類に大別できる．その分類名を答えなさい．
> 5. クロマチンには遺伝現象が発現するために暗号化されている三つの要素がある．それについて説明しなさい．

10 RNAの多様性とその働き

細胞内RNAは，種類や分子数のみならず機能面でも多様である．一般にRNAはタンパク質合成にかかわるものとして知られているが，それ以外にもリボザイムや遺伝子発現の制御因子，結合因子や複製プライマーになるなどと，その役割は多様である．RNAサイレンシングはRNAが示すユニークな遺伝子抑制機構である．

真核生物のゲノム解読と超高速シークエンサーの活用により，近年 多様なRNAの存在が次々に明らかになっている．本章では新規に発見されたものも含め，RNAの多様な機能について説明する．

10・1 RNAの種類と働き

10・1・1 細胞内のRNAの分画

細胞間で画一的なDNAに対し，**RNAは構造的にも機能的にも多様性に富む**．細胞からRNAを抽出すると，その過半数は**リボソームRNA（rRNA）**で，残りの多くが**tRNA**，その残り（全体の数%）が主に**mRNA**である．前者2種は特定の大きさを示すが，mRNAはそのほとんどが数百〜数万塩基長の範囲に分布する．以上のRNA分布のプロフィールはすべての生物に共通である．一方，真核生物の核にはmRNA前駆体［**pre-mRNA**］としての**hnRNA**（不均一核RNA），タンパク質とともにスプライシングにかかわる**snRNA**（核内低分子RNA），タンパク質とともにrRNAを含むRNA遺伝子のメチル化などにかかわる**snoRNA**（核小体低分子RNA）が少量みられる．主要な3種のRNAはタンパク質合成にかかわるが（次章），タンパク質をコード（暗号化，指定）するのはmRNAのみであり，マイナーなものも含め，その他のRNAはすべて**非コードRNA**（**ncRNA**）といわれる．

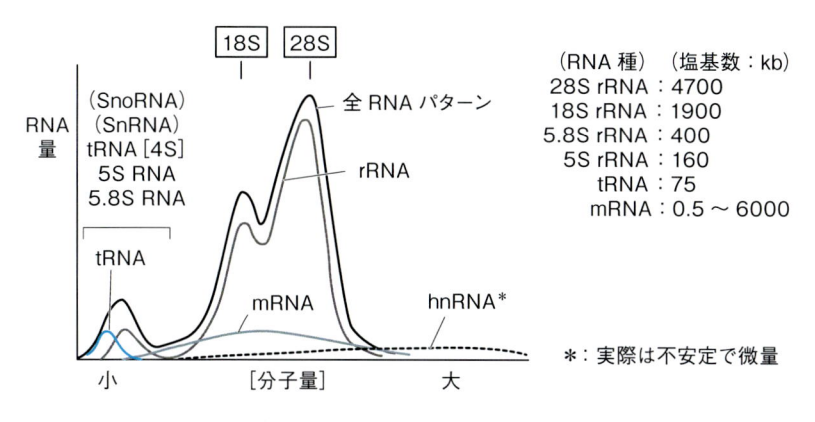

図10・1　真核細胞RNAから抽出したRNAの分画パターン

10・1・2　非コードRNAの全体像

　RNAは塩基結合する以外，タンパク質に似た挙動も示すため，タンパク質がもつような機能をもつ．その一つは酵素活性で，**リボザイム**と総称される（☞リボはRNAに，ザイムは酵素［enzyme］に由来）．RNA機能の中には物質結合能もあり，事実rRNAやtRNAもそれぞれタンパク質やアミノ酸と結合する．特定の物質に対する非共有結合能を示す核酸を**アプタマー**というが，アプタマーとして作用するRNAの例も多い．RNAやDNAに相補的に結合して調節作用を果たすRNAにはRNA抑制にかかわるいくつかのものがあり，またスプライシング調節にかかわるsnRNA，RNA編集にかか

表10・1　ncRNAの大きさと機能（rRNA，tRNA以外）

種類	塩基長（●塩基対長）	機能
U1, U2, U4, U5 snRNA	20〜100	スプライシング制御
U6 snRNA	100	スプライシング制御
U7 snRNA	300	ヒストンmRNAのプロセシング
snoRNA	60〜150	rRNAの塩基修飾
mlncRNA	100〜100000	多彩な働きがあると考えられる
miRNA	22●	翻訳抑制，RNA分解？
piRNA	30●	トランスポゾン抑制
7SK RNA	300	転写因子の活性を制御
7SL RNA	300	タンパク質局在化シグナル認識
RNaseP RNA	300	tRNAのプロセシング，リボザイム
テロメラーゼRNA	380〜560	テロメア複製の鋳型，テロメラーゼの成分

わるもの（☞ ガイド RNA），DNA 合成のプライマーとなる RNA などがある．このほか，転写制御の調節因子やエンハンサー因子のように機能するものもある．特殊な例として，RNA ウイルスやウイロイドがもつ RNA のようにゲノムとしても使われるものや，テロメラーゼの中に存在するもののように DNA 合成の鋳型になるものがある．

10・2 小分子 RNA と RNA 抑制
10・2・1 遺伝子抑制技術から発見された RNA 干渉

mRNA に相補的な **RNA オリゴ**（RNA オリゴヌクレオチド）や安定性を増した**モルホリノオリゴ**（☞ リボースの代わりに窒素を含むモルホリンをもつ）を細胞に導入して遺伝子を抑制する古典的な方法があるが，このような**アンチセンスオリゴ法**の効果はそれほど顕著ではなかった．そのようなとき，**ファイアー**や**メロー**らは約 21 塩基対の二本鎖 RNA の導入が遺伝子抑制に高い効果を発揮することを見出した．この手法は RNA 干渉（**RNAi**）あるいは **RNA サイレンシング**といわれ，使用する小型（small, short）で干渉能（interference）のある小分子 RNA を **siRNA** という（☞ 小さな RNA は重合度は低いが低分子ではないので，**小分子 RNA** と表現する）．

この方法はオリゴヌクレオチドを簡単に合成でき，二本鎖なので細胞内でも比較的安定で物質毒性がなく，培養細胞から個体まで広く応用できるというメリットがあり，今や遺伝子抑制（☞ **遺伝子ノックダウン**）の常套手段になっている．siRNA 配列を含む長い配列を DNA としてゲノムに組み込ませ，転写された RNA を細胞内で小さいヘアピン（short hairpin）様構造にし，それが細胞内の酵素でトリミングされて siRNA が生成して働くという，**shRNA** としての使い方もある．

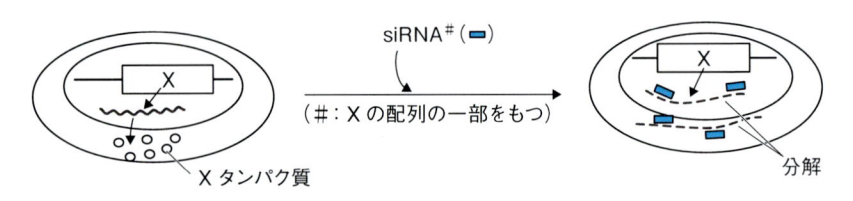

図 10・2　siRNA による遺伝子抑制

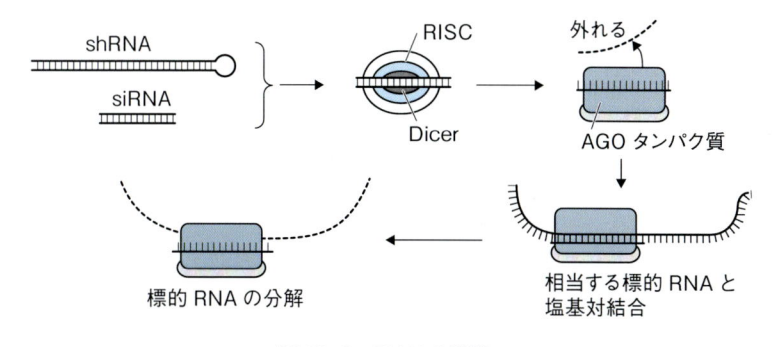

図 10·3　RNAi の機構

10·2·2　RNAi の機構

siRNA を細胞内に入れると RISC といったタンパク質複合体が結合するが，RISC は二本鎖 RNA 切断活性をもつ Dicer を含むので，shRNA を細胞に入れた場合はこの活性で siRNA が生成する．その後 RNA 結合活性と RN アーゼ活性をもつ AGO タンパク質などが複合体に加わって一方の RNA 鎖が除かれる．残った RNA はガイドとなって標的 RNA の相補的な部分と塩基対結合し，標的 RNA は分解されるので結果的に遺伝子が抑制される．AGO タンパク質にはいろいろなものがあり，さまざまな種類の RNA サイレンシングに関与する．

10·2·3　内在性小分子 RNA による RNA サイレンシング

細胞では AGO タンパク質と小分子 RNA がかかわる RNA サイレンシングが内在的にも起こっている．

a. miRNA：miRNA（マイクロ RNA）は，長鎖 pri-miRNA として合成された後で短いヘアピン構造の pre-miRNA となり，Dicer により 22 塩基長の miRNA となる．その後 AGO タンパク質などが結合した miRISC となって類似配列をもつ標的 RNA に結合する．完全に相補性がない場合が多いが，その場合でもリボソームの移動阻止などを介して遺伝子発現が抑えられる．

b. トランスポゾンでコードされる小分子 RNA：真核生物ゲノムは進化の過程で膨大な数のトランスポゾン（転移性 DNA）を含むようになったが（☞ヒトゲノムの約半分はトランスポゾン），遺伝的正常性を維持するためには

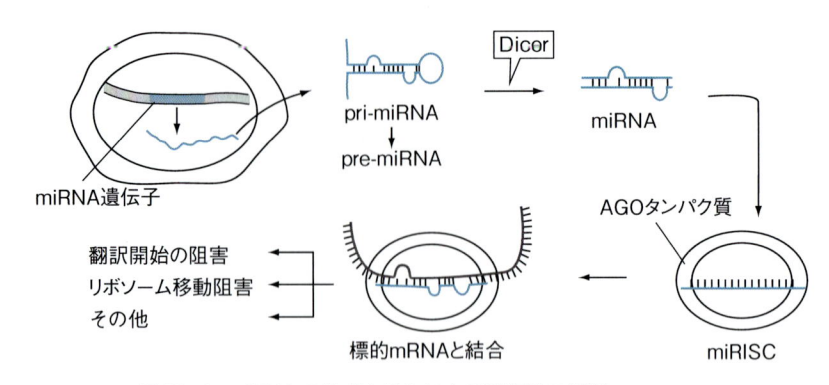

図 10·4　miRNA の生成とそれによる遺伝子の抑制

その発現を抑える必要がある．トランスポゾンの発現・転移を抑制する主要な機構として RNA サイレンシングが用いられる．この場合トランスポゾン自身の DNA 領域から RNA ができる場合があるが，RNA には miRNA と siRNA に相当するものがある．後者には通常の **esiRNA**（内在性 siRNA）のほか，生殖細胞特異的 Piwi（AGO タンパク質の一種）に結合する 24〜30 塩基対長の **piRNA** がある．

解説　**クロマチンを抑制する結合性 RNA**

細胞には，mRNA 様構造をもつものの，有意なコード領域をもたない **mlncRNA**（長鎖 ncRNA ともいう）が多数存在する．この中の一つ，Xist 領域から転写される RNA は X 染色体から発現し，メスの 2 本の X 染色体のうちの一方を抑制する **X 染色体不活化**（ライオニゼーション）にかかわる．mlncRNA は**クロマチン**に直接結合することによって遺伝子発現を転写開始以前のレベルで抑える．

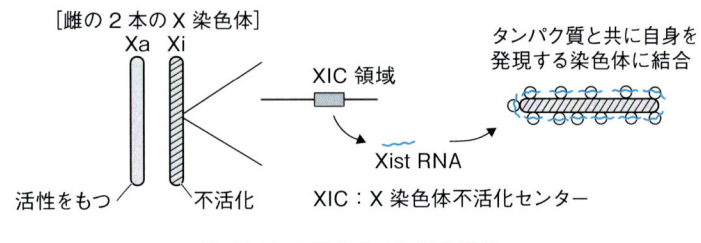

図 10·5　X 染色体の不活化機構

10・3 タンパク質のように振る舞う RNA

10・3・1 リボザイム

リボザイムは酵素活性をもつ RNA だが，この中で合成活性をもつものとして知られているのは rRNA 中の最大分子種（☞細菌は 23S rRNA，動物は 28S rRNA）で，ペプチド結合形成能をもつ．それ以外の大部分のリボザイムは切断活性を発揮する．**RN アーゼ P** に含まれる RNA，自己スプライシングを行う I 型・II 型イントロン，mRNA の 3′ 端付近にあって鎖の切断を行う RNA 配列，**ウイロイド**（植物病原体の小型 RNA．自己切断して成熟する）などがある．**ハンマーヘッド型リボザイム**の配列を目的配列と連結させて，人為的に RNA を自己切断させることができる．

10・3・2 アプタマー RNA とリボスイッチ

RNA はアプタマーとしての機能があり，いろいろな物質と結合する．この性質を応用し，目的物質に結合する RNA を分子デザイン・合成することができ，医療分野では抗体の代わりとして **RNA 抗体**が使われはじめている．**リボスイッチ**とは，RNA の二次構造が物質結合で変化し，それが分子遺伝学的な機能や活性（転写や翻訳）を変化させるものに関する用語で，まだ歴史は新しい．リボスイッチの物質結合部分はアプタマーとなるが，そこには主として代謝産物（例：S-アデノシルメチオニン，チアミンピロリン酸，アミノ酸）がリガンドとして結合する．結合によって mRNA 中にターミネーター構造，あるいはリボソーム結合を阻止する二次構造ができ，それによってそれぞれ転写や翻訳が阻止される．

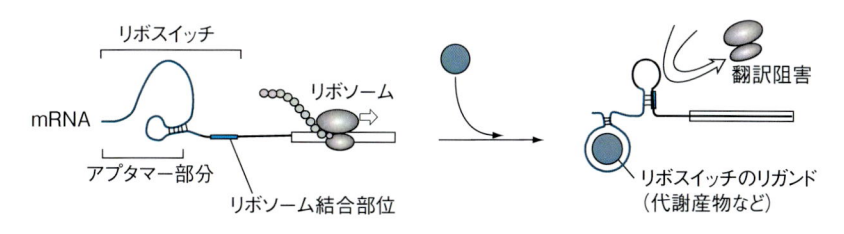

図 10・6　リボスイッチによる翻訳の制御

10·4　RNA ワールド仮説

　遺伝情報物質の進化についての考え方で，最初に出現した情報高分子が RNA であるとする仮説である．**RNA ワールド**はその後タンパク質の出現によって **RNP（RNA-タンパク質）ワールド**となり，その後遺伝情報の保持をより安定な DNA に託して現在の DNA ワールドになったと考えられる．この根拠として，RNA には遺伝情報として複製・発現する能力があること（RNA ウイルスにみられる），RNA から DNA をつくる逆転写酵素が存在すること，RNA がタンパク質のような結合性や酵素活性をもつ（☞ リボザイム）といった事実がある．このことは言い換えれば，生命活動は RNA を中心に営まれてきたということになり，タンパク質合成を例にとってみても，それを実際に行っているのは 3 種の RNA（☞ mRNA, tRNA, rRNA）であるという事実がある．まだはっきりしない点も多いが，RNA の分子進化に基づく本仮説の信憑性は高い．

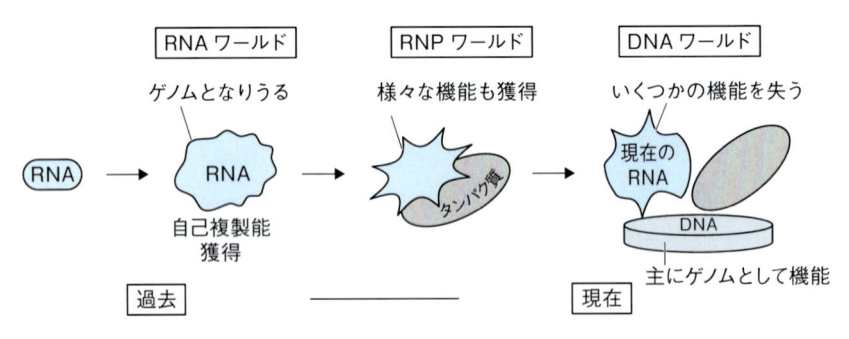

図 10·7　RNA の分子進化と RNA ワールド仮説

演習
1. タンパク質合成にかかわる 3 種の RNA とは何か．このうち非コード RNA はどれか．
2. 実験的に RNA を使って端的に遺伝子を抑制するにはどうしたらよいか．
3. さまざまな RNA サイレンシングの現象が知られているが，その生物学的意義は何か．
4. RNA ワールド仮説を支持する証拠を二つあげなさい．

11 タンパク質の合成

翻訳には mRNA と tRNA，そしてペプチド結合形成能をもつリボソームが関与する．mRNA 中のアミノ酸情報はコドンによって暗号化されており，アミノ酸 X は X 用コドンで mRNA と塩基対結合する X 専用の tRNA と結合する．細胞内には，異常タンパク質の合成を抑え，できたタンパク質を成熟させるさまざまなしくみがある．

11・1　mRNA がもつアミノ酸コードと tRNA

11・1・1　メッセンジャー仮説

遺伝子が DNA でその産物がタンパク質であるということから，途中の過程がどうなっているかという疑問が分子遺伝学の初期に出され，DNA 二重らせん構造発表後，分子遺伝学者はその解明を進めていった．遺伝情報をタンパク質に伝えるメッセンジャーとなる分子が何かという疑問に対しては，すでによく知られていた tRNA や rRNA はその候補にならないことがわかり，新たな種類の核酸が探索されていたが，遺伝子発現誘導時の細胞やファージ感染細胞に新たな RNA が出現することから，それこそが遺伝情報をもつ RNA と考えられ，**メッセンジャー RNA（mRNA）** と名付けられた．今では誰もが知っているように，mRNA はアミノ酸配列情報をもつ遺伝子のコード鎖のコピーであることがわかっている．

11・1・2　遺伝暗号の解明

mRNA 中の塩基配列はアミノ酸を**コード**（指定）するが，各アミノ酸と塩基配列の対応を**遺伝暗号（遺伝コード）**という．遺伝暗号の解読ではまず 1 個のアミノ酸が何個の塩基でコードされるかが検討されたが，アミノ酸が 20 種存在する（表 11.1）ので少なくとも 3 個であるとされ，それが実際に正しかった．連続した 3 塩基を**コドン**という．コドンの解明は**ニレンバー**

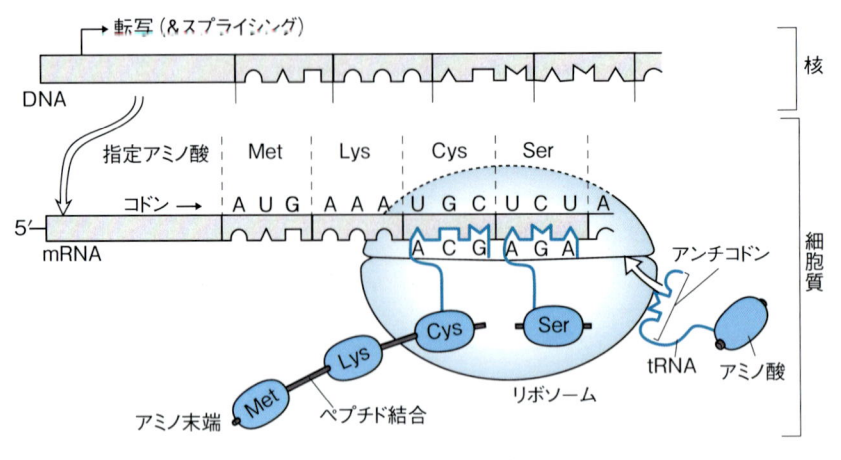

図 11·1 翻訳の概略

グやコラーナらによって行われたが，使われた方法は主に二つである．一つは無細胞翻訳系（後述）で，そこに人工 RNA，たとえば U のみからなる長い RNA を加えるとポリフェニルアラニンができるので，UUU はフェニルアラニンのコドンだとわかる．もう一つの方法は，細胞内にあるアミノ酸結合 tRNA（**アミノアシル tRNA**）を分析し，アミノ酸と**アンチコドン**（コドンと塩基配列結合する部分）からコドンとアミノ酸を対応させる手法である．このような分析の結果，64 個すべてのコドンの暗号が解読された．なお，ミトコンドリア遺伝子は通常の遺伝暗号と異なる非普遍暗号をいくつか使用する（例：AGG →終止）．

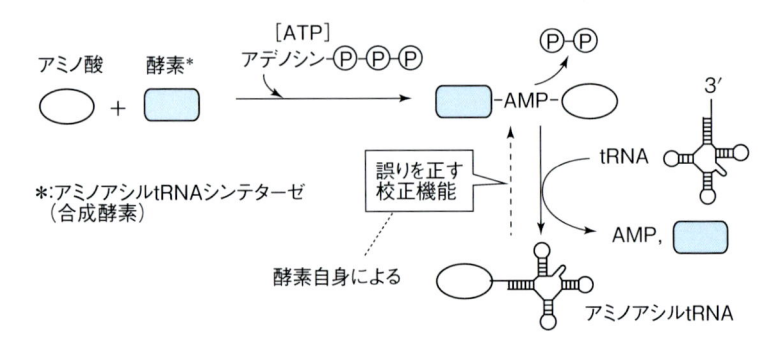

図 11·2 アミノアシル tRNA の生成とその校正

11・1・3 コドンの内容

コドンには何かしらのアミノ酸が割り当てられるが，3個のコドンだけ（☞UAA［オーカーコドン］，UAG［アンバーコドン］，UGA［オパールコドン］）は指定するアミノ酸がなく，翻訳を終える**終止コドン**として働く（突然変異で終止コドンになった場合は**ナンセンスコドン**とよぶ）．メチオニンを指定するAUGは**開始コドン**ともなる（☞細菌の開始アミノ酸はホルミルメチオニン）．多くのアミノ酸は複数のコドン（**同義コドン**／同義語コドン）をもつが，この現象を**コドンの縮重**といい，3番目の塩基が異なる場合が多

表11・1　mRNAに含まれる遺伝暗号（普遍コドン表）

第1字目	第2字目								第3字目
	U		C		A		G		
U	UUU	Phe	UCU	Ser	UAU	Tyr	UGU	Cys	U
	UUC	Phe	UCC	Ser	UAC	Tyr	UGC	Cys	C
	UUA	Leu	UCA	Ser	UAA	終止	UGA	終止	A
	UUG	Leu	UCG	Ser	UAG	終止	UGG	Trp	G
C	CUU	Leu	CCU	Pro	CAU	His	CGU	Arg	U
	CUC	Leu	CCC	Pro	CAC	His	CGC	Arg	C
	CUA	Leu	CCA	Pro	CAA	Gln	CGA	Arg	A
	CUG	Leu	CCG	Pro	CAG	Gln	CGG	Arg	G
A	AUU	Ile	ACU	Thr	AAU	Asn	AGU	Ser	U
	AUC	Ile	ACC	Thr	AAC	Asn	AGC	Ser	C
	AUA	Ile	ACA	Thr	AAA	Lys	AGA	Arg	A
	AUG	Met	ACG	Thr	AAG	Lys	AGG	Arg	G
G	GUU	Val	GCU	Ala	GAU	Asp	GGU	Gly	U
	GUC	Val	GCC	Ala	GAC	Asp	GGC	Gly	C
	GUA	Val	GCA	Ala	GAA	Glu	GGA	Gly	A
	GUG	Val	GCG	Ala	GAG	Glu	GGG	Gly	G

アミノ酸の3文字表記［1文字表記］：グリシンGly［G］，アラニンAla［A］，バリンVal［V］，ロイシンLeu［L］，イソロイシンIle［I］，セリンSer［S］，トレオニンThr［T］，システインCys［C］，メチオニンMet［M］，アスパラギンAsn［N］，グルタミンGln［Q］，プロリンPro［P］，チロシンTyr［Y］，フェニルアラニンPhe［F］，トリプトファンTrp［W］，アスパラギン酸Asp［D］，グルタミン酸Glu［E］，リシンLys［K］，アルギニンArg［R］，ヒスチジンHis［H］

い．これはコドンと塩基対結合する tRNA の結合がとくに 3 番目の塩基では あまり厳密でないためで，「**コドンの揺らぎ**」と表現される．

11・1・4　tRNA の機能

ホリーらにより tRNA の構造とその 3′ 末端の 5′-CCA 配列にアミノ酸が共有結合することがまず明らかにされた．アミノ酸と tRNA 種の結合の組合せはきわめて厳密で，たとえばリシンはリシン tRNA としか結合しない．この厳密さを決めているのは**アミノアシル tRNA 合成酵素**自身で，誤った組合せの結合が起こると，自らがその結合を解消するという校正機能を発揮する．

tRNA の中ほどにはアンチコドンループという構造があり，そこに mRNA と塩基対結合する連続する 3 塩基の**アンチコドン**がある．一つのアミノ酸用 tRNA でもアンチコドンの異なる複数の tRNA（**アイソアクセプター tRNA**）が存在する場合がある（注：アンチコドンすべてにあるわけではない）．5′ 側からみた場合，アンチコドンの 1 文字目とコドンの 3 文字目の結合の厳密性はルーズであり，それが揺らぎを生み，縮重の原因となる．

11・2　翻訳によってペプチド鎖がつくられる

11・2・1　翻訳のアウトラインと tRNA アダプター

タンパク質合成はコドンをリボソーム上でアミノ酸の配列に変換し，アミノ酸を連結する反応であり，塩基配列をアミノ酸配列に読み替えるので**翻訳**という用語が用いられる．ただ mRNA にアミノ酸がやってきて，そのまま重合するのではないことから，アミノ酸の立体構造がコドンの立体構造を特異的に認識できないことは容易に認識されていた．相当するアミノ酸を mRNA 上のコドンの位置にもってくるための分子の解明が行われ，それが tRNA であることがわかった．tRNA はアンチコドン部分で mRNA と相補的に結合し，アミノ酸とは 3′ 末端で結合する**アダプター分子**である．

11・2・2　リボソームの mRNA 結合

リボソーム粒子は小サブユニットと大サブユニットという二つの亜粒子（サブユニット）からなるが，両者は簡単に結合・解離できる．各サブユニッ

11・2 翻訳によってペプチド鎖がつくられる　　113

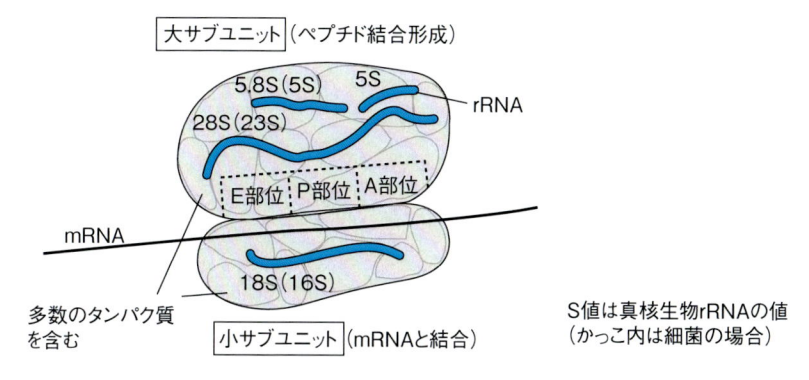

```
           大サブユニット (ペプチド結合形成)
              5.8S(5S)  5S
              28S(23S)           rRNA
              E部位 P部位 A部位
   mRNA ─────────────────────────────
              18S(16S)
   多数のタンパク質
   を含む      小サブユニット (mRNAと結合)
                               S値は真核生物rRNAの値
                              （かっこ内は細菌の場合）
```

図11・3　リボソームの機能と構造

トはサブユニットに特有の多数のタンパク質と特定の rRNA からなる．動物細胞の場合，**小サブユニット**には 18S rRNA が，**大サブユニット**には 5S, 5.8S, 28S の rRNA が含まれるが，10 章で述べたように，28S rRNA はリボザイムで，ペプチド結合形成活性をもつ．小サブユニットは mRNA に結合する働きがあるが，細菌の rRNA（16S rRNA）の塩基配列の一部は，mRNA のリボソーム結合部位である **SD 配列（シャイン・ダルガルノ配列）** と相補性がある．

11・2・3　読み枠の決定

　翻訳の最初のステップは mRNA にリボソームが結合することだが，その機構は細菌と真核生物で多少異なる．細菌では mRNA の翻訳開始コドンの少し上流に SD 配列があるので，小サブユニットがそこに結合する．その後下流に移動し，**コザック配列**（RCCAUGG）をもつ AUG があるとそこで停止して翻訳反応をはじめる．真核生物の場合，小サブユニットが 5′ 末端のキャップ構造に結合した後で下流に移動し，最初の AUG コドンで一時停止するが，これを**キャップ依存的翻訳開始**という．翻訳開始には，小サブユニットが mRNA 内部の**リボソーム結合配列（IRES）**に結合し，そこから下流に移動するキャップ非依存的なものもあるが，これはストレスや発生・分化に関連した mRNA やウイルス RNA などの翻訳でみられる．

　mRNA 上の塩基配列をどのような区切りでコドンをとるかを**読み枠**（フレーム）という．読み枠は，mRNA に仕切りがあって最初から決まってい

(a) 細菌　　　　　　　　(b) 真核生物

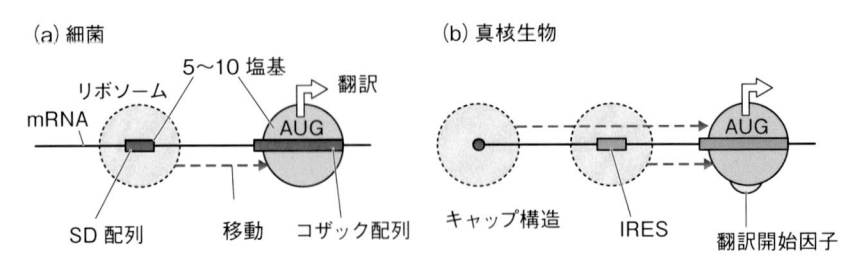

図 11·4　リボソームの mRNA の結合と開始 AUG コドン認識

るわけではないので，理論的には3種類存在しうるが，実際は mRNA に結合したリボソームが一時停止して開始 AUG コドンが決まるとそこが基準となり，正しい読み枠は自動的に決まる．突然変異によって塩基が1～2個増減すると，そこから下流は読み枠がずれ，本来と異なるペプチド鎖がつくられる．このような変異を**フレームシフト変異**という．

11·2·4　翻訳の開始，伸長，集結

翻訳における重合反応を，細菌を例に説明する．リボソーム小サブユニットが開始 AUG に達して停止すると，まず開始の**ホルミルメチオニン**（fMet）を付着した tRNA が AUG コドンに塩基対結合する（☞真核生物はメチオニン）．このときには複数の**翻訳開始因子**が関与する．次にリボソーム大サブユニットが結合するが，大サブユニットには三つの機能部位がある．**A 部位**はアミノアシル tRNA がやってきて収まる場所，**P 部位**はアミノ酸が次のアミノ酸とペプチド結合を形成する場所，**E 部位**は役目を終えた tRNA が収まり，その後放出される場所である．リボソームにやってきた tRNA は A → P → E の順に移動する．反応機構であるが，まず fMet-tRNA が P 部位に位置し，次に2番目のアミノアシル tRNA が A 部位に来る．23S rRNA のペプチジルトランスフェラーゼ活性でペプチド結合ができるとリボソームは1コドン分下流に移動し（fMet 用 tRNA は E 部位，2番目のアミノアシル tRNA は P 部位に入る），fMet 用 tRNA は放出される．空いている A 部位には3番目のアミノアシル tRNA がやって来て，上記の過程が繰り返される．伸長したペプチドの鎖は順次リボソームの外に向かって伸びる．これらの過

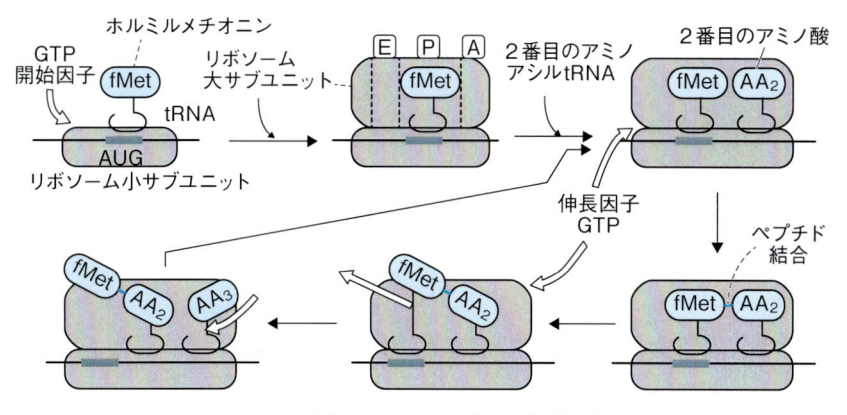

図 11・5 翻訳の開始・伸長機構（細菌の場合）

程には複数の**翻訳伸長因子**と **GTP** がかかわる．リボソームが終止コドンに達するとリボソームに解離因子が結合して翻訳が終結し，別の複数の因子の働きで mRNA，リボソーム，tRNA が解離する．真核生物の場合も基本的に類似の機構で翻訳が起こる．翻訳開始はリボソームの移動とともに次々に起こるので，細胞内には多数のリボソームが結合した mRNA：**ポリソーム**がみられる．

解説	**試験管内翻訳反応**
	コムギ胚芽やウサギの網状赤血球といったタンパク質合成の盛んな組織から抽出液を調製し，そこにエネルギー供給のための化合物，GTP，さらに鋳型 mRNA と基質アミノ酸を加えてポリペプチド鎖を合成する．放射性同位元素（例：硫黄-35 の入ったメチオニン）を使って標識タンパク質をつくることもできる．

11・3 翻訳の制御と異常事態への対応

11・3・1 翻訳リコーディング

細胞にはナンセンス変異などの影響で翻訳が途中で止まることを防ぐ**リコーディング**という機構が備わっている．最も一般的な機構は**サプレッサー tRNA** によるもので，大腸菌や酵母ではよく研究されている．サプレッサー tRNA とは変異した tRNA 遺伝子から転写されたもので（注：元々，それぞ

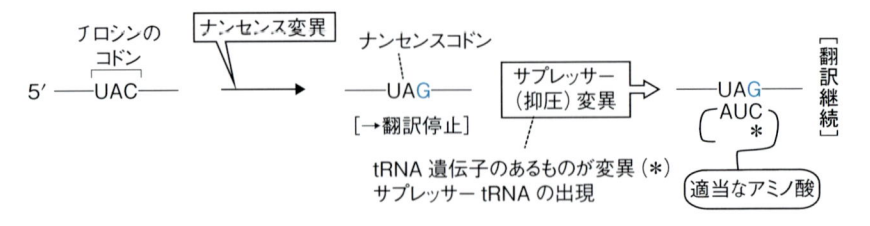

図 11·6　サプレッサー tRNA によるリコーディング

れのアミノ酸に対応する tRNA 遺伝子はゲノム中に多数存在する），ナンセンスコドンに結合して適当なアミノ酸（例：グルタミン，チロシン，ロイシン，トリプトファン）をあててそこを読み過ごす（**リードスルー**），**抑圧変異**の一つの機構である．ただサプレッサー tRNA が正常な終止コドンにも影響を与えるので，細胞増殖低下などの副作用が起こることも多い．このほかでは UGA 終止コドンにセレンをもつ特殊なアミノ酸（**セレノシステイン**）を割り当てる機構，あるいはリボソームが読み枠を途中からずらして翻訳を継続させる**フレームシフト**などの機構がある．

11·3·2　異常 mRNA への対処

突然変異が原因で異常 mRNA ができた場合，そこから異常なタンパク質ができると細胞に悪い影響を与える．真核細胞には異常 mRNA を **P ボディー**というリボヌクレアーゼを含む構造体で分解するなど，異常タンパク質を積極的に分解する機構がある．

a. ナンセンスコドンが生じた場合：真核生物において，未成熟終止コドン（**PTC**）をもつ mRNA は **NMD**（ナンセンス介在 mRNA 分解）によって分解される．このうちの一つの機構はスプライシングが関与するもので，エキソン連結部分の上流に PTC があるとリボソームが停止し，そこで mRNA 分解を誘導する因子（**Upf**）が結合して分解に向かわせる．エキソン連結部にはこの機構を推進するタンパク質が結合しているが，mRNA が正常な場合は最初のリボソームの動きによって外れるため，mRNA の安定性が保たれる．さらに，ポリ A 鎖結合タンパク質（**PABP**）も Upf の結合を阻止している．つまり，終止コドンが最後のエキソン連結部の下流のポリ A に近いところ

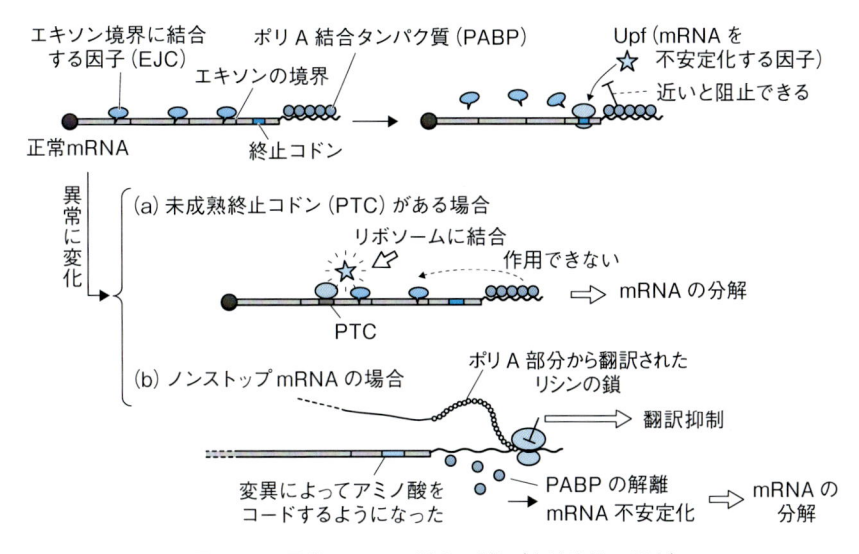

図 11・7 異常 mRNA に対する対処（真核生物の場合）

にあると mRNA が安定化し、タンパク質もできる．PTC は**キャップ構造**に近い位置にあるが、キャップ構造自身にも Upf の働きを促進する機能がある．これらのことから、真核生物の mRNA に特徴的なキャップ構造とポリ A 鎖は、ともに翻訳の健全性に関与することがわかる．

b. 終止コドンのない mRNA の場合：本来の終止コドンが変異すると、転写された mRNA は翻訳が止まらない**ノンストップ mRNA** となる．真核生物ではポリ A 鎖に結合している PABP が外されて mRNA が不安定化し、さらにポリ A 鎖が翻訳されてできたポリリシンがリボソームに作用して翻訳を抑えるという機能も発揮される．細菌では **tmRNA** という特殊な RNA に翻訳を行っているリボソームが移る**トランス翻訳**という現象が起きて異常ペプチドが付加され、やがて翻訳は止まり、異常ペプチドをもつタンパク質も分解される．

11・4 真核生物でのタンパク質の成熟と分解

11・4・1 タンパク質成熟の一般機構

いずれの生物も、翻訳直後のポリペプチド鎖は自発的に、あるいはタンパ

表 11・2　タンパク質の成熟方式

(1) 共有結合の変化を伴う*		(2) 共有結合の変化を伴わない
プロセッシング (アミノ酸配列の変更)	化学修飾 (新たな共有結合の形成)	
・限定分解 (例：リーダー配列の切断、消化酵素の活性化) ・タンパク質スプライシング	・SS 結合 (-S=S-) 形成 ・原子団 [化学基] の付加 　(例：メチル基, アセチル基, リン酸基) ・小型タンパク質の付加 　(例：ユビキチン, SUMO)	・二次構造, 三次構造の変化 　(例：シャペロンによる) ・サブユニットの集合 ・リガンドの結合 (例：金属イオン)

＊：(2) を伴うこともある

ク質の**折りたたみ**を制御する**シャペロン**によって正しい高次構造をとり, 機能性タンパク質となる. このような高次構造上の成熟に加え, 多くのタンパク質は化学的過程を経て (共有結合の変化を介して) 成熟し, 活性をもつようになる. 処理方式は大きくプロセッシング (☞アミノ酸配列の変更) と化学修飾に分けられる. 前者には**限定分解**が入るが, **タンパク質スプライシング** (タンパク質のつなぎ変え) という特殊な機構もある. 後者には SS 結合の形成 (システインの -SH 基間の共有結合), 小さな原子団の付加 (例：リン酸化, アセチル化, メチル化), 糖鎖の付加, 小型タンパク質の付加 (例：真核生物に特異的なユビキチンや SUMO) がある.

11・4・2　膜結合性リボソームでつくられるタンパク質

真核生物のリボソームは存在状態により小胞体膜に結合している**膜結合性リボソーム**と**遊離リボソーム**に分けられるが, 両者ではつくられるタンパク質の種類とその後の過程が異なる. 膜結合リボソームでつくられたポリペプチドは N 末端にある疎水性の**シグナルペプチド** (リーダー配列ともいう) が部分切断されることによって膜内腔に入り, そこで正しく折りたたまれる. その後膜に包まれたままゴルジ体に移動し, そこで糖付加などの化学修飾を受けた後, やはり膜に包まれて細胞の適当な部位に移動する. 分泌性タンパク質の場合は細胞膜まで運ばれてから外に放出される.

11・4・3　遊離リボソームでつくられるタンパク質

遊離リボソームでつくられるタンパク質は膜内に入らず, 直接細胞質に拡

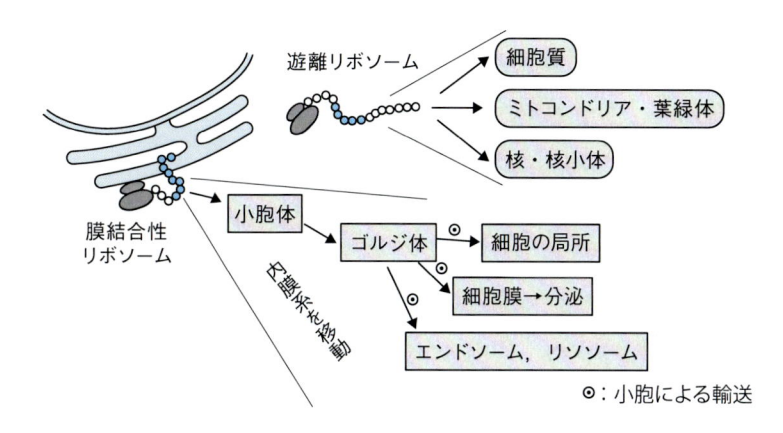

図11·8 2種類のリボソームでつくられるタンパク質の移送ルート

散する．さらに，核やその内部に核小体，あるいはミトコンドリア（植物では葉緑体も入る）で作用するものは，その細胞小器官に向かうための短いアミノ酸配列：**移行シグナル**あるいは**局在化シグナル**を内部にもち，そこに特殊な因子が結合してタンパク質を積極的に移送する．

解説　転写翻訳共役
核のない細菌では転写された先から（mRNAが全長できる前から）リボソームが結合して翻訳が起こる**転写翻訳共役**がみられる．

11·4·4　細胞内でのタンパク質分解

細胞外タンパク質分解は，動物では消化器官（☞消化酵素）や血液中（☞補体活性化系，血液凝固系）で，菌類や細菌類では消化酵素による細胞外基質の分解・消化でみられる．しかしタンパク質分解は細胞でも盛んに起こっている．真核細胞のタンパク質は二つの機構のいずれかで分解される．

a. プロテアソームによる分解：主に短命なタンパク質，特定状況下で働く調節タンパク質や酵素，合成や折りたたみに失敗したタンパク質などが標的となるタンパク質分解である．**プロテアソーム**は複雑な構造の多サブユニットのタンパク質分解装置で，標的タンパク質の解きほぐしに必要なエネルギー供給のためのATPアーゼ活性サブユニットをもつ．標的となって分

(a) プロテアソームによる　　(b) リソソームによる

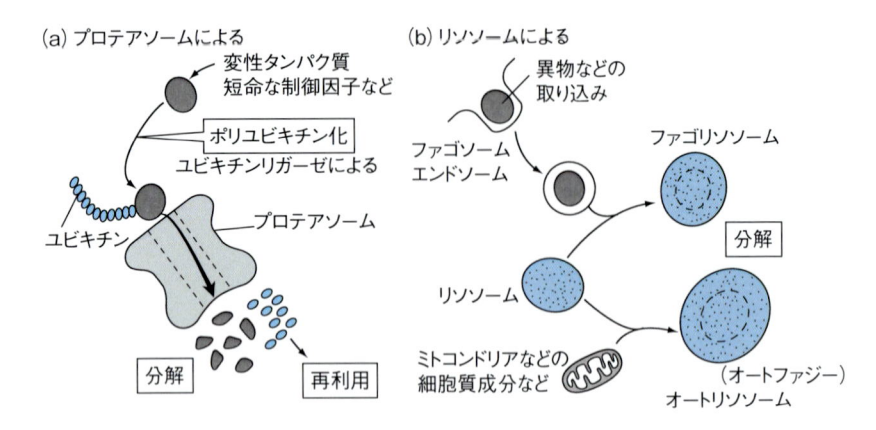

図11・9　二つの細胞内タンパク質分解機構

解されるタンパク質には小型タンパク質の一種の**ユビキチン**がリシンを介して多数結合した**ポリユビキチン鎖**が目印として付いていることが，ハーシュコやローズらによって明らかにされた（☞**ユビキチン-プロテアソーム経路**）．細胞周期進行調節タンパク質のサイクリンもこの系で分解される．

b. リソソームによる分解：豊富な消化酵素を含む細胞小器官である**リソソーム**は，細胞外から取り込んだ異物や，時間が経って機能が落ちたタンパク質や細胞小器官を分解する．自身のタンパク質を分解する場合は**オートファジー**（ミトコンドリアを分解する場合は**マイトファジー**）というが，標的が膜で囲まれ，その膜がリソソームと融合したオートリソソームが形成され，その中で分解される．リソソーム酵素は酸性でよく働くが，その活性がリソソームの中でしか働かないよう，リソソーム内部も酸性になっている．

演習
1. 遺伝暗号が塩基1文字あるいは2文字で書かれたとすると，最大何個のアミノ酸を指定できるか．
2. ロイシンtRNAのアンチコドンをアラニンのアンチコドンに変換したtRNAは，どのような挙動をとるか．
3. 真核生物のmRNAを大腸菌に入れても通常はタンパク質合成ができない．その理由を翻訳制御の観点から答えなさい．
4. 天然のタンパク質のN末端は多くはメチオニンだが，そうでない場合もある．この理由を答えなさい．

12 真核細胞のゲノムとクロマチン

ヒトゲノムは約30％の遺伝子領域と残りの非遺伝子領域からなり，非遺伝子領域には多量の反復配列が含まれる．染色体はヒストン-DNA複合体であるクロマチンからなっており，基本構造となるヌクレオソームが何重にも折りたたまれた構造をもつ．クロマチンは多様な様式で修飾されており，遺伝現象の発現制御にもかかわっている．

12・1 ゲノムの構成

12・1・1 ゲノムサイズと遺伝子数

染色体DNAの1セット分を**ゲノム**という．ゲノムは生存に必須な遺伝子セットを含み，ミトコンドリアDNAやプラスミドDNAはたとえ細胞内に安定に存続していてもゲノムではない．ゲノムに含まれるDNA量（ゲノムサイズ）は生物種に固有であるが，真核生物は細菌よりゲノムサイズが大きい．細菌のゲノムは数百万bpの範囲だが，真核生物は数千万bp（例：菌類）〜数百億bp（例：ある種の植物や両生類はとくに大きい）と範囲が広

表12・1　生物のゲノムの大きさと遺伝子の数

生物の分類		生物の種類	ゲノムの大きさ ($\times 10^6$ bp)	遺伝子数 ($\times 10^3$ 個)
細菌類	古細菌	メタン細菌	1.6	1.49
	真正細菌	マイコプラズマ	0.58	0.47
		大腸菌	4.6	4.288
真核生物	単細胞生物	出芽酵母	12	5.5
		マラリア原虫	23	5.3
	動物	センチュウ	97	19
		ショウジョウバエ	170	14
		ヒト	3000	22
	植物	イネ	390	30

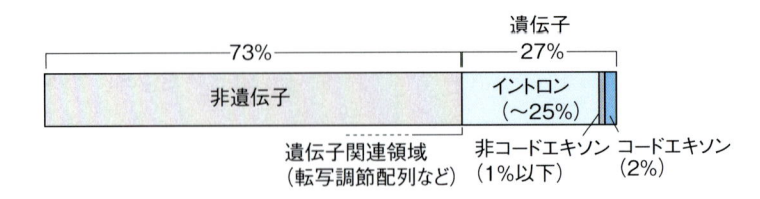

```
        ┌─────────── 73% ───────────┐  ┌── 遺伝子 27% ──┐
        ┌────────────────────────────┐  ┌──────────┬──┐
        │         非遺伝子           │  │ イントロン │  │
        │                            │  │  (~25%)   │  │
        └────────────────────────────┘  └──────────┴──┘
                          遺伝子関連領域   非コードエキソン  コードエキソン
                          (転写調節配列など) (1%以下)        (2%)
```

図 12・1　ゲノムの中の遺伝子（ヒトの例）

い．哺乳類ゲノムは 25〜30 億 bp の範囲に入る．ゲノム当たりの細胞 DNA 量を **C 値**といい，一倍体細胞の DNA にあたる．

12・1・2　機能からみたゲノム構成成分

ゲノムに含まれる遺伝子（注：この場合はタンパク質コード遺伝子を対象にする）の数も生物によって異なるが，細菌は 500 個〜5 千個，真核生物は 6 千個（例：出芽酵母）〜4 万個の範囲に入る．ここからわかるように，真核生物の遺伝子 1 個あたりのゲノムサイズは細菌のそれよりかなり大きく，ヒトは大腸菌の約 30 倍である．この理由として，真核生物ゲノムでは非遺伝子領域あるいは遺伝子間領域が多く，また遺伝子は多数のイントロンを含むといった理由がある．ゲノムは遺伝子と非遺伝子の二つの領域を含むが，ヒトでは遺伝子領域は全体の 27％程度しかない．さらに遺伝子内部でもタンパク質コード領域はゲノム全体の 2％程度で，遺伝子の大部分は非翻訳領域とイントロンが占める．ただ，近年明らかになった非コード RNA（10 章）のための DNA も遺伝子に入れると，上の概算は大きく変わってくる．

> **解説**　**偽遺伝子**
> ゲノムにはわずかではあるが，進化の過程で重複して構造が崩れた遺伝子や，mRNA が cDNA になったような DNA がゲノムに挿入された DNA が存在するが，これらは機能をもたず，**偽遺伝子**といわれる．

12・1・3　構造からみたゲノム構成成分

ゲノム DNA は塩基配列の観点からいくつかのタイプに分類できる．塩基配列がゲノム中に 1 回しか出現しないようなものを**ユニーク配列**，多数出現するものを**反復配列**（あるいは**繰り返し配列**）というが，ユニーク配列には

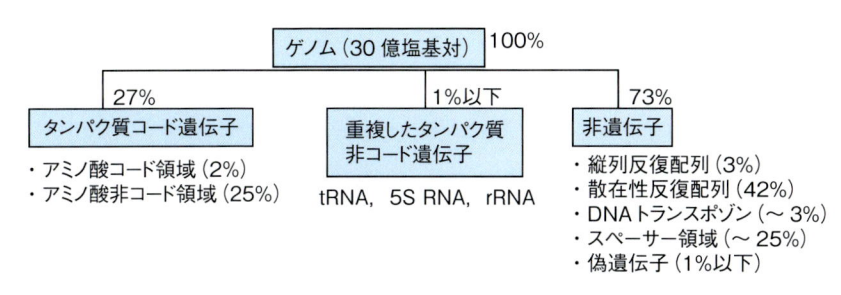

図 12·2　ゲノムの構成成分（ヒトの例）

　遺伝子領域（25〜30％）と遺伝子間領域（〜30％）が含まれる．反復配列はゲノム全体の 40〜50％を占め，その内容は多様である．タンパク質をコードしない tRNA, rRNA, 5S rRNA の遺伝子はゲノム中に数百〜数千個存在する多コピー遺伝子である．実は反復配列の多くは**散在性反復配列**といわれているもので，レトロトランスポゾンに由来する（後述）．反復配列のもう一つは短い配列が隙間なく高度に反復している**縦列反復配列**で，**サテライト DNA**，ミニサテライト DNA，マイクロサテライト DNA に分類される．これらの反復構造は DNA ポリメラーゼが後ろに滑る複製スリップと不等交差の繰り返しで生じたと考えられる．各サテライト DNA では繰り返しの単位 DNA の塩基数と繰り返しの塊が異なり，**ミニサテライト**と**マイクロサテライト**はそれぞれ個体間と系統間での差異（多型）が現れやすく，それぞれ個人識別と系統分類の指標（マーカー）として使われる．

12·1·4　遺伝子重複

　真核生物のゲノムは，遺伝子重複と塩基配列の変異を経てサイズと多様性を増してきたと考えられる．このためゲノムには遺伝子の全体あるいはその

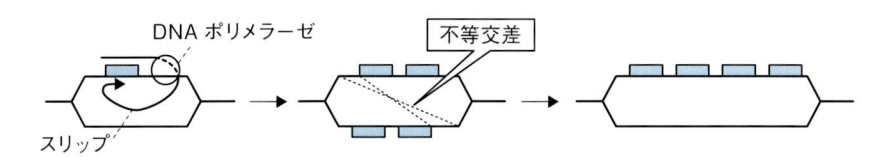

図 12·3　縦列反復配列の生成（仮説）

一部が類似する複数の遺伝子がみられ，遺伝子群，あるいは**遺伝子ファミリー**を形成している（例：グロビン遺伝子群）．類似遺伝子のない遺伝子はむしろ稀である．構造の類似した遺伝子を一般にホモログというが，その中でも同一ゲノム内での遺伝子重複により生じたものを**パラログ**，進化や種分化を通じて異種ゲノム間に保存されている相同なものを**オルソログ**という．パラログ間では，遺伝子の役割分担や機能分化がみられる．

12·2 真核生物のトランスポゾン

12·2·1 トランスポゾンは動く DNA

トランスポゾンはDNA間を移動する遺伝因子で，すべての生物界にみられる．単に転移だけするものと，複製を伴って転移するものがある（☞いわゆるカット＆ペーストタイプとコピー＆ペーストタイプ）が，プラスミドのように自然界で独立かつ安定に存在することはない．複製するタイプのトランスポゾンがゲノム中を転移すると，ゲノムにトランスポゾンのコピーが増えるため，ゲノムは膨張するが，真核生物のゲノムではこの傾向が顕著で，ゲノムの約半分がトランスポゾンで占められる例もある．

12·2·2 トランスポゾンの特徴

a. 構造的特徴：トランスポゾンには二つの構造的特徴がある．一つは，**転移酵素**（☞細菌では**トランスポゼース**という）の遺伝子をもつことで，酵素はトポイソメラーゼに似た機構(4章)でDNAの移動に関わる．第2は，

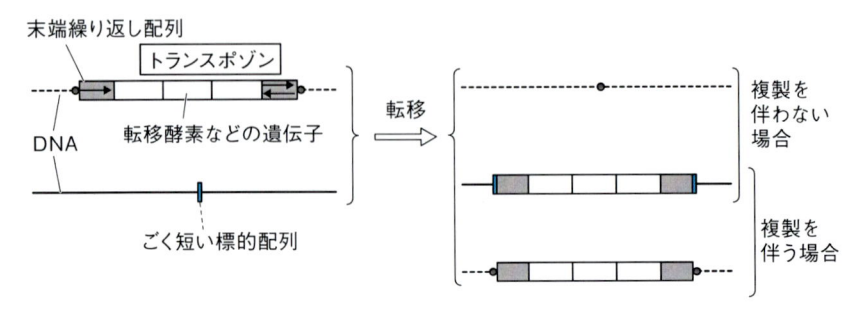

図 12·4　トランスポゾンの構造と転移状態の基本

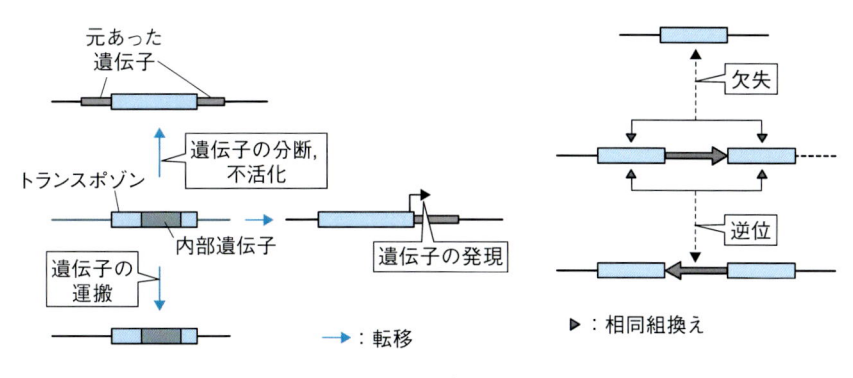

図12·5　トランスポゾンの生物学的効果

末端に転移に必須な数百 bp の**末端繰り返し配列**をもつことである．繰り返しは同じ向きの場合と逆向きの場合とがある．転移先の標的DNAには際だった特徴がなく，また末端繰り返しとの相同性もなく，組込みは非相同組換えで起こる（7章）．

b. 機能的特徴：生物学的機能の一つは遺伝子運搬で，末端繰り返しの内部に遺伝子が入り，転移によって運ばれる．細菌のトランスポゾンは薬剤耐性遺伝子を含み（13章），レトロウイルスタイプのトランスポゾン（後述）は変異した宿主遺伝子を含む．末端繰り返し配列は転写プロモーターをもつため，転移先の遺伝子の発現が刺激されることがあるが，逆に遺伝子内に挿入されて遺伝子を不活性化することもある．このほかにもゲノム不安定性の原因になるいくつかの効果を発揮する．

12·2·3　真核生物のDNAトランスポゾン

最初に記載されたトランスポゾンは**マクリントック**が発見したトウモロコシのAc／Dsで，トウモロコシの種子にみられるまだら模様の原因となる（☞トランスポゾンの転移と色素遺伝子の発現が関連する）．動植物には多くのトランスポゾンが存在するが，植物では転移が形質の変化と相関する場合が多い．ショウジョウバエに遺伝子を導入する道具として用いられる**P因子**もトランスポゾンである．哺乳類ゲノムの数％はDNA型トランスポゾンである．

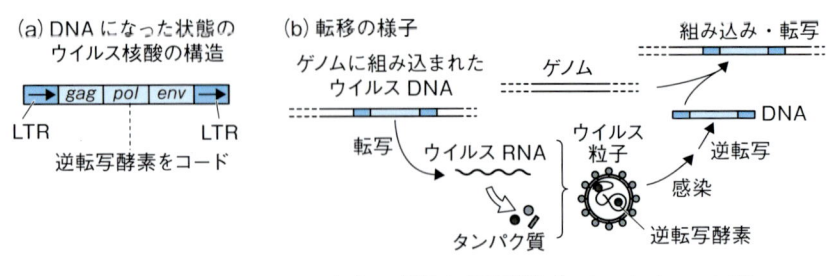

図 12·6　レトロトランスポゾンの構造と転移機構（レトロウイルスの例）

12·2·4　レトロトランスポゾン

転移の途中に RNA を経由するトランスポゾンを**レトロトランスポゾン**といい，真核生物特有である．RNA を DNA にする必要上，逆転写酵素遺伝子をもつが，この酵素は転移酵素活性もあわせもつ．大きく長い末端繰り返し配列（**LTR**）をもつ LTR 型レトロトランスポゾンと，繰り返し配列の短い非 LTR 型トランスポゾンに分けられるが，前者はレトロウイルスに似た構造と機能をもつ．**レトロウイルス**（例：トリ白血病ウイルス，エイズを起こす HIV-1）は，転写された RNA がタンパク質の殻で包まれたウイルスの形態をとる．細胞外に出たウイルスが別の細胞に感染し，そこで DNA に変換されてゲノムに組み込まれる．**逆転写酵素**は**ボルチモア**や**テミン**らによって，レトロウイルスから発見されたのが最初である．ショウジョウバエの**コピア**も LTR 型レトロトランスポゾンで，レトロウイルスが起源と考えられる．

非レトロウイルス型として，哺乳類には **LINE**（例：ヒトの **L1 ファミリー**）と小型の **SINE**（例：ヒトの *Alu* ファミリー）に属する多くのトランスポゾンがある．SINE は欠陥型トランスポゾンで，逆転写酵素遺伝子を欠いているが，LINE からの酵素供給で転移すると考えられる．

12·3　ゲノミクス

ゲノムを解析する研究領域を**ゲノミクス**といい，ゲノムの解読や，他の生物／個体との比較を行う．ゲノム DNA の構造比較は，かつては制限酵素切断パターンなどで大まかに行われていたが，PCR が開発されると制限酵素認識配列とは関係なく行えるようになった．ゲノム構造の比較に用いられる

DNA領域を**多形マーカー**といい，その部分のDNAをPCRで増幅し，その断片の有無や長さを比較する．1980年代以降，**DNAシークエンシング**（塩基配列解析）と遺伝子組換え実験が一緒になり，全ゲノムの塩基配列分析が行われ，ゲノミクスは塩基配列レベルの解析に移行していったが，作業そのものはまだまだ大変であった．しかし近年，**超高速シークエンサー**（次世代シークエンサー）の普及とともに，DNAシークエンスが大量かつ迅速に行えるようになり，ゲノム構造研究は以前とはまったく異なる様相を示している．

> **解説　オームとオミクス**
> ゲノムと関連する用語に**トランスクリプトーム**，**プロテオーム**があるが，これらはそれぞれRNAやタンパク質の総体（細胞や組織に発現する全体）を意味する．それらの解析もゲノミクスにならい，トランスクリプトミクス，プロテオミクスとよばれる．複数のオミクスを関連づけて解析する**トランスオミクス**という領域もある．

12・4　クロマチン

12・4・1　染色体の成分：クロマチン

染色体は細胞分裂前，複製して凝縮し，中央で連結した2本の棒状構造として顕微鏡で観察できるが，形と数は生物種特異的である．染色体の内部の2本の染色分体を連結する部分を**動原体**，末端部を**テロメア**といい，それぞれには特徴的なDNA配列である**セントロメア**と縦列反復配列が存在する．染色体という用語は形態的名称で，物質名は**クロマチン**（染色質）というDNA-タンパク質複合体である．クロマチンタンパク質の大部分は複数種類のヒストンで，そのほかに少量の非ヒストンタンパク質（☞転写調節因子，酵素類，マトリックス結合タンパク質など）を含む．

12・4・2　クロマチン構造の階層性

クロマチンの基本となる構造を**ヌクレオソーム**という．ヌクレオソームは4種類の**ヒストン**（☞**コアヒストン**：H2A，H2B，H3，H4）が2個ずつ集合したヒストンのコアに，146 bpのDNAが巻き付いた構造をとっている（11 nm繊維ともいう）．このヌクレオソームが約200 bpごとにできる数珠

(a) ヌクレオソーム構造とコアヒストン　　(b) ヌクレオソームの集合

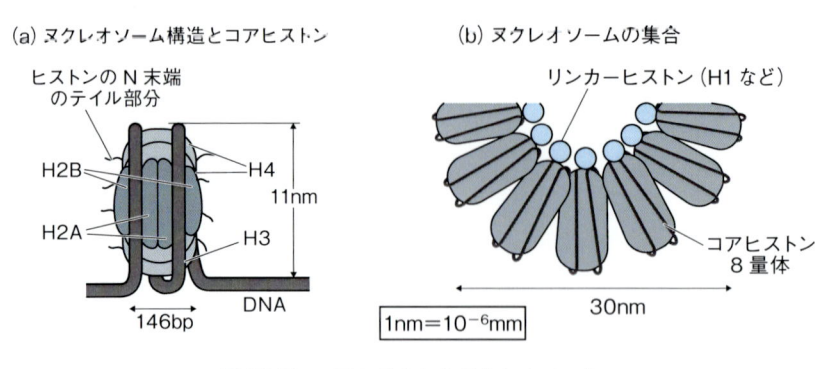

図12·7　コアヒストンとヌクレオソーム

状構造がクロマチンの基本だが，さらにヌクレオソームに**リンカーヒストン**（例：ヒストン H1）がつき，それがヌクレオソームを寄せ集めて凝集すると 30 nm 繊維となる．クロマチンは基本的にこれら二態のどちらかの構造をとる．核を染めると薄く均一に染まる**ユークロマチン**（真正クロマチン）と不均質に濃く染まる**ヘテロクロマチン**が顕微鏡で観察されるが，前者はいわゆる開いたクロマチンで 11 nm 繊維，後者はいわゆる閉じたクロマチンで 30 nm 繊維に相当する．30 nm 繊維はさらに凝縮して約 300 nm の太い繊維となり，それがさらに凝集して顕微鏡で見える染色体となるが，これにより約 1.8 m にもおよぶゲノム DNA（注：実際には二倍体で，しかも複製後なのでその 4 倍になる）が直径 10 μm の核に収納される．

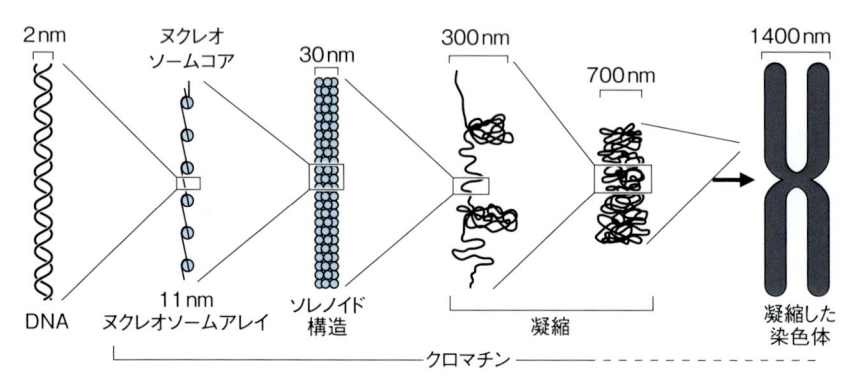

図12·8　クロマチン構造の階層性

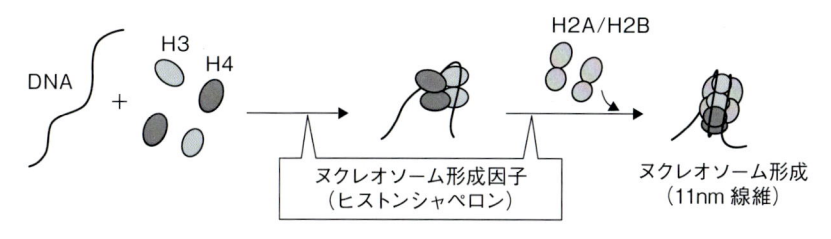

図 12・9　ヌクレオソーム形成反応

12・4・3　クロマチン構造の形成と再構成

DNA と 4 種類のコアヒストン，そしてクロマチン形成因子を用いてヌクレオソームを人工的につくることができる．**クロマチン形成因子**にはいろいろなものがあるが（例：CAF1，NAP-1），試験管内反応では自発的なヌクレオソームの形成を助ける働きを示し，**ヒストンシャペロン**ともいわれる．コアヒストンは H3 と H4 が一つのまとまりとして最初に DNA に結合し，そこに H2A と H2B が入ってコア構造が完成する．ヒストンシャペロンはヌクレオソーム構造の解離も推進する．

いったんできた 11 nm 繊維中のヌクレオソーム位置を変更する因子を**クロマチンリモデリング因子**というが，多くは巨大複合体で，クロマチン再構成複合体ともいわれ（例：SWI/SNF），エネルギー供給に必要な ATP アーゼ活性をもつ．クロマチンリモデリングは転写制御因子の結合状態も変えるため，転写制御にも関わる（9 章）．

12・5　クロマチンの化学修飾

ゲノム DNA 中の **CpG アイランド**（☞ 5′-C G がまとまって存在する場所）にあるシトシンはメチル化の修飾を受けることが多い（9 章）．メチル化は遺伝子発現抑制にかかわり，事実，メチル化はヘテロクロマチンに多く含まれる．メチル化の様式には，一方の鎖の C をメチル化する**新規メチル化**と，一方のみがメチル化されているヘミメチル化状態をメチル化されていない相補鎖も修飾してフルメチル化状態にする**維持メチル化**がある．前者と後者では使われるメチル化酵素の種類が異なる．複製したばかりのDNA はヘミメチル状態なので，維持メチル化酵素によりフルメチル状態に

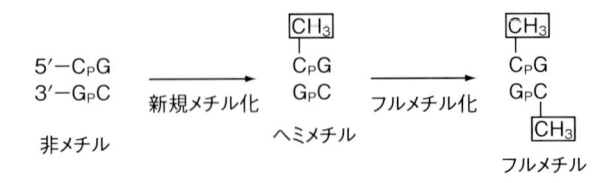

図 12·10　C_pG アイランドのメチル化

される．クロマチン修飾にはヒストン化学修飾もあるが，これに関する内容は転写制御と直結するため，すでに9章で説明済みである．

12·6　クロマチン制御の生物学的効果

　クロマチンの状態はすでに述べたように，遺伝子発現状態と深い関連がある（9章）．クロマチンを巨視的にみた場合，ユークロマチンは遺伝子の発現部分と，ヘテロクロマチンは遺伝子の不活性部分と関連する．クロマチンの状態は配偶子形成段階で決定・リセットされ，それが原則的に細胞分裂後も維持され，個体の遺伝子発現の基本パターンを決める．このような初期クロマチン状態を**ゲノムインプリンティング**（**遺伝子刷り込み**／遺伝的刷り込み）（☞刷り込みとは元々 孵化したばかりのひな鳥が最初に見た動くものを親と認識する現象に使われる用語）という．修飾されたゲノムを**エピゲノム**というが，その修飾状態がDNA塩基配列以外の要素で決まる遺伝：**エピジェネティクス**を支配する．エピゲノムは発生や分化，ストレス応答や癌化などで変化しうる．

演習
1. 「ゲノムとは細胞に含まれる全DNAである」という文章は間違っている．正しく直しなさい．
2. ゲノムにはいろいろなレベルのDNAの重複や繰り返しがみられるが，その全体像について説明しなさい．
3. RNAを遺伝子にもつレトロウイルスがなぜ転移性DNA（＝トランスポゾン）といえるのか説明しなさい．
4. 真核生物が巨大なゲノムを微細な核に収納できるのはなぜか．
5. 「父似」や「母似」という現象がみられるのはなぜか．

13 細菌の遺伝要素

　細菌は分子遺伝学研究の基本的材料で，多くの重要な発見が細菌を用いて得られてきた．細菌には特異的な複製方式と生活環を示すゲノム以外の遺伝因子として，細胞と共存するプラスミドや細菌を殺すファージ，DNAの中を動き回るトランスポゾンがあるが，この中のあるものは遺伝子工学の材料としても有用である．

13・1　大腸菌のゲノム

　大腸菌は二本鎖環状 DNA をゲノムにもち（注：伝統的にゲノム DNA は染色体という），複製起点を1個もつ単一レプリコンである．ゲノムサイズは 4.6×10^6 bp，長さは約1 mm だが，少量のタンパク質が結合して数 μm の細胞内に収納されている．ゲノムは約 4300 個の遺伝子をもち，遺伝子あたりのゲノムサイズは約 1.1 kbp とヒトの 136 kbp よりかなり小さい．遺伝子1個の平均サイズは約 1 kbp なので，ゲノムは遺伝子によって隙間なく埋められているといえる．ゲノム中に F 因子などのプラスミドやファージゲノム，トランスポゾンが入り込んでいることもある（後述）．

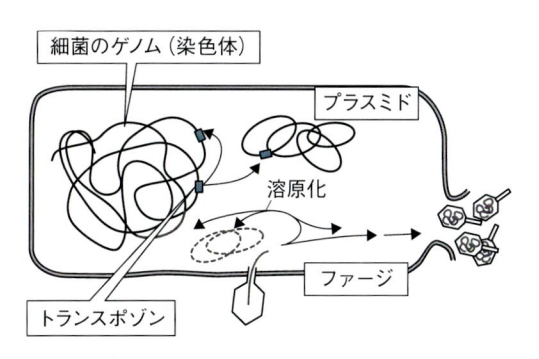

図 13・1　細菌にかかわる遺伝因子

13·2 プラスミド

13·2·1 プラスミドとは

細胞質内に安定に存在する小さな核酸（数千〜数万塩基）を**プラスミド**といい，1個の複製起点と少数の遺伝子をもつ．プラスミドは細胞にとっては外来遺伝因子だが，細胞に有利な遺伝子をもつため，細胞はプラスミドを積極的には排除しない．このような理由から，遺伝子組換え実験の**ベクター**の材料として汎用される．細菌には多様なプラスミドの存在が知られているが，主には環状二本鎖 DNA で，基本的に θ 型複製機構で増える（6 章）（注：F 因子の移入時は［後述］σ 型複製がみられる）．真核生物のプラスミドとしては，酵母の 2 μm 系プラスミド（DNA）や他の細胞を殺す**キラー因子**となる二本鎖 RNA などが知られている．動物の DNA ウイルス（例：ウシパピローマウイルス）の中には，細胞内でプラスミド状態で長期間存続するものもある．

13·2·2 プラスミドの増幅

a. コピー数：細胞あたりのプラスミド数を**コピー数**というが，複製因子が限定的であることもあり，コピー数は一定の数値で安定する（注：裸の RNA 病原体である**ウイロイド**は無制御に増えて植物細胞を殺すので，プラスミドではない）．プラスミドはコピー数の多いもの（十〜数百コピー）と

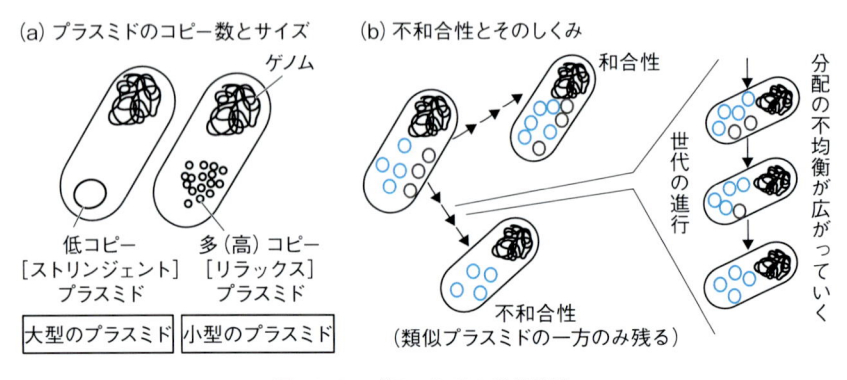

図 13·2　プラスミドの増幅特性

少ないもの（1〜数コピー）に大別され，前者を**リラックス型**，後者を**ストリンジェント型**という．前者には小型プラスミド（例：ColE1），後者には大型プラスミド（例：F 因子，R 因子）が入る．コピー数はプラスミドがつくる複製調節因子と細胞内の複製因子のバランスで決まる（後述）．

b. 不和合性：2 種類のプラスミドが細胞内で安定に共存できない性質を**不和合性**といい，遺伝子組換え実験において，1 種類のプラスミドベクターのみを細胞内で純粋に増やす DNA クローニングにとっての必須な性質である．同じ複製起点・複製機構で増えるプラスミドは不和合性を示す．ストリンジェントプラスミドは細胞内複製因子の数が厳密に制限されているため，ごく少数しか複製できない．リラックス型プラスミドの場合，複数のプラスミドが確率的（偶然）に娘細胞に分配されるが，分配の不均等が生じるとそれが増長され，結局 1 種類のプラスミドしか残らないようになる．

> **解説　植物感染細菌の Ti プラスミド**
> 土中細菌の一種**アグロバクテリウム**は **Ti プラスミド**をもつ．細菌が植物細胞に取り付くとプラスミド中の DNA 断片が植物ゲノムに挿入される．挿入 DNA 断片内には植物ホルモン合成遺伝子があるので，感染部は癌のようなコブ組織（☞クラウンゴール）に発達する．

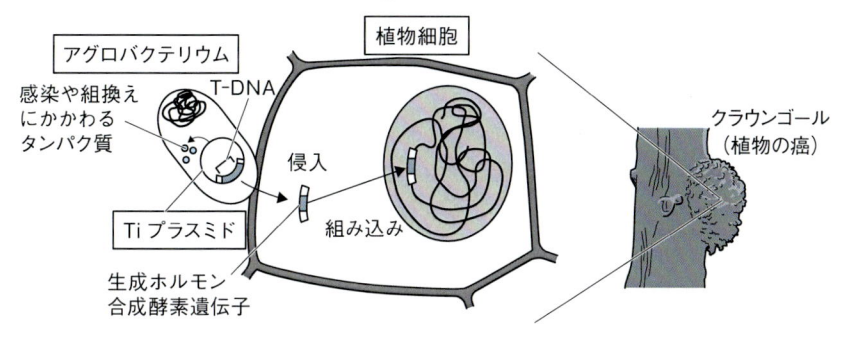

図 13·3　植物感染細菌がもつ Ti プラスミド

13·2·3　ColE1

ColE1 は大腸菌の小型プラスミド（6.6 kbp）で，**コリシン**という他の細菌を殺す毒素の遺伝子をもつ．コピー数が多く使いやすいため，その複製起点が遺伝子組換え実験のベクターに汎用される．プラスミド内に自身の複製を

阻害する因子（Rom）と RNA をコードする領域があり，タンパク質合成阻害剤を加えるとコピー数を〜10 倍以上に増やすことができる（**プラスミドの増幅**）．

13・2・4　R 因子

R 因子（耐性因子，R プラスミド）は，100 kbp 以上の**耐性伝達因子**［DNA］の中に**耐性決定因子**をもつプラスミドの総称で，遺伝子は細菌を攻撃する抗生物質（例：カナマイシン，ペニシリン）を無力化（例：分解，化学修飾）するタンパク質をつくる．耐性遺伝子はトランスポゾンによって運ばれたものである．R 因子をもつ菌が他の菌と線毛で付着すると，プラスミドは線毛を伝わって他の菌に移動するので，耐性菌が容易に環境に広がりやすい．一つの耐性伝達因子に複数の耐性決定因子が転移によって入り込むと**多剤耐性因子**となり，さらにそれが他の菌にも伝播される．このような菌は抗生物質による治療を困難にするという問題を生み，院内感染の原因にもなる．

13・2・4　F 因子

a. F 因子は雌菌に移る：F 因子は 100 kbp 弱の大腸菌のプラスミドで，**F プラスミド**ともいう．F は**稔性**［Fertility：有性生殖を行う性質］に由来する．F 因子をもつ F^+ 菌を雄菌，もたない F^- 菌を雌菌というが，雄菌が**性線毛**で雌菌と接合すると，F 因子は σ 型複製機構で複製しながら雌菌に移入する．これにより雌菌は雄菌となるが，F 因子が比較的不安定なため，雄菌は一定

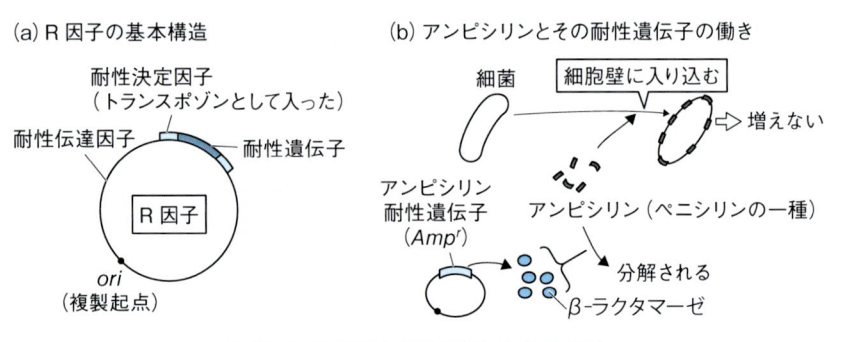

図 13・4　R 因子と耐性遺伝子の作用の例

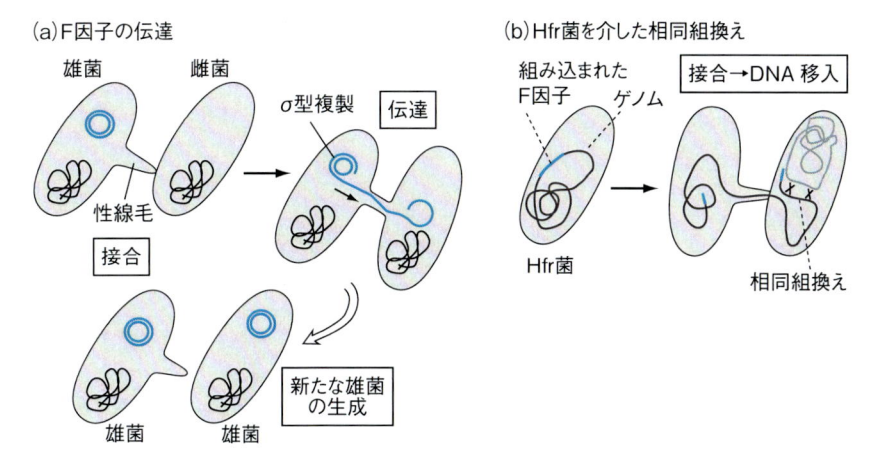

図13・5 大腸菌のF因子（Fプラスミド）

の頻度で雌菌に変わる．

b. F因子の存在様式：F因子中にあるトランスポゾン活性によってプラスミドが染色体に挿入されることがあるが，そういう状態の菌を **Hfr菌**（**高頻度組換え菌**）という．Hfr菌も雄菌の性質を示し，接合後にゲノムの特定の場所から雌菌にゲノムDNAを移入させる．移入が最後まで進むことは稀だが，移入を受けた細胞内にはゲノムが部分的に2個存在することになり，そこで**相同組換え**が起こる．組換えによる遺伝子の交換は生物学的には有性生殖と同等であるため，このプラスミドは稔性因子といわれる．大腸菌の遺伝子地図はこの組換え現象を使って作製され，ゲノムが環状であることもこれによって明らかにされた．Hfr菌中のF因子が宿主遺伝子を一部含んでゲノムから切り出されてプラスミドになる場合があるが，そのようなプラスミドを **F′**（エフプライム）という．

解説　人工的につくられたプラスミド

遺伝子組換え実験によって複製起点を組み込んだ人工のプラスミドとして，酵母ゲノムの複製起点を含む **ARS**（自律複製配列）をもつものや，溶原化（後述）したP1ファージがプラスミドとして増える性質を利用した **PAP** などがある．ヒト染色体の必須部分を再構築して，細胞内で安定に存在する**人工染色体**をつくることもできる．

13・3　ファージ

13・3・1　ファージとは

a. 概論：ファージ（バクテリオファージ［細菌を食べるものの意味］）は細菌に感染するウイルスである．ファージの種類は非常に多く，形態（例：正20面体の殻をもつオタマジャクシ状，繊維状）や核酸の種類も多様である．大腸菌には二本鎖線状 DNA（例：T系，λ（ラムダ），P1），一本鎖環状 DNA（例：φX174, M13［繊維状］），一本鎖線状 RNA（例：Qβ）などのファージがある．複製機構や生活環も各ファージ群ごとに異なる．

b. 一般的増殖特性：細菌に付着後，殻の中にある核酸（DNA か RNA．伝統的にファージゲノムという）が細胞内に入り，複製，遺伝子発現，翻訳が起こる．細胞内でウイルス粒子が形成され，細胞を壊して外に出るが，この間約2～3時間である．ファージ感染で細菌は死ぬが，そのようなファージを**ビルレント（毒性）ファージ**（例：T系ファージ）という．ファージの中には感染しても溶原化などによって（後述）細菌を殺さないものもある（☞**テンペレート（穏和な）ファージ**という）．ぎっしりと細菌が生育している寒天培地上のある一点にファージを付けるとそのファージが細菌を殺し，さらに周囲に感染が広がり，死細菌領域が透明な**溶菌斑（プラーク）**となって見えるが，これを利用して感染能のあるファージの数を数えることができる（☞プラークアッセイ）．

(a) 大腸菌ファージの例

ゲノム形態	ファージ名
一本鎖環状 DNA	φX174, M13, f1
二本鎖線状 DNA	T7, T4, λ, P1
一本鎖線状 RNA	MS2, Qβ

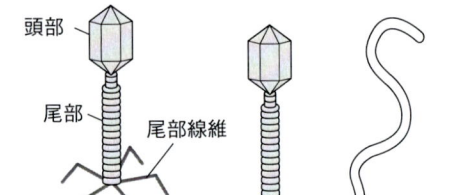

(b) ファージの形態

頭部　尾部　尾部線維
T4ファージ　λファージ　M13ファージ

図13・6　ファージ（バクテリオファージ）

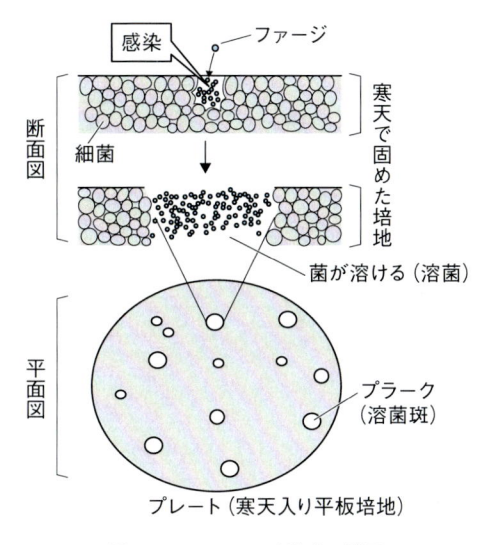

図 13·7 ファージ増殖の様子

13·3·2 λファージ

λファージ(ラムダ)は 48.5 kbp の二本鎖線状 DNA をもつ．ファージ DNA の中央部の 40％は増殖に必須でないため，この部分の代わりに他の DNA を挿入することができ，遺伝子組換え実験のベクター材料として使われる．ファージが感染すると，ファージ DNA は末端の短い相補的な一本鎖部分「*cos*」を利用して環状化し，まず θ 型複製が起こり，次に σ 型複製で DNA が増える．その後 遺伝子発現，翻訳が起こり，ファージ粒子が形成されるが，このとき，ファージ DNA は多量体となったものが *cos* で切断されて殻の中に入る．このようなビルレントファージの生活環：**溶菌サイクル**を進む一方，λファージにはもう一つ，ファージが見えなくなる**溶原化**という生活環がある（下記）．

13·3·3 溶原化

a. λファージ：λファージ DNA が感染後に環状化し，それがゲノムに組み込まれる場合がある．組込みはファージの *attP* 部位と，宿主大腸菌ゲノムの *gal* 遺伝子と *bio* 遺伝子の間にある *attB* 部位で，相同組換え機構で起こる．この現象を**溶原化**，ゲノムにあるウイルス DNA を**プロファージ**という．

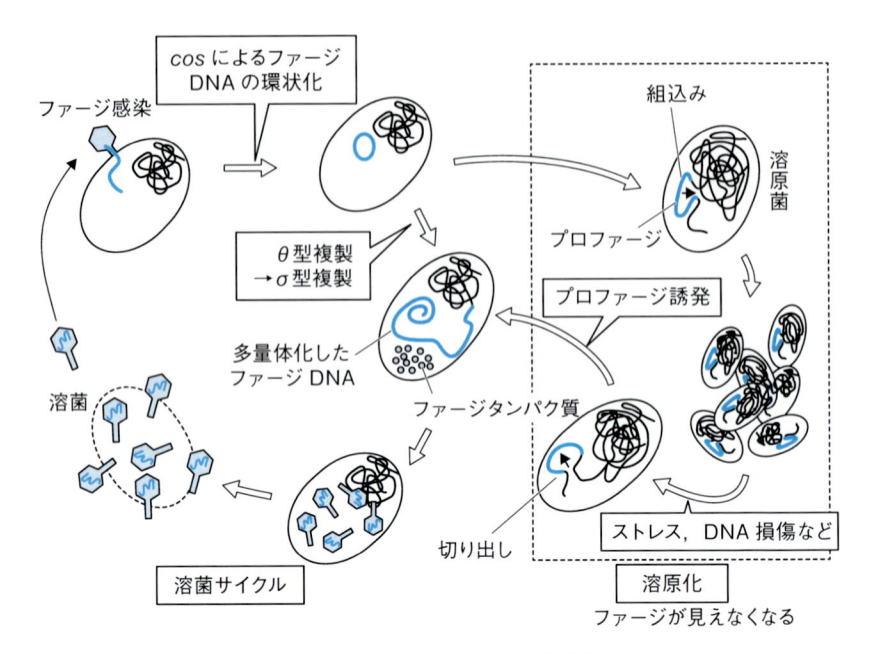

図 13·8 λファージの二つの生活環

　プロファージをもつ**溶原菌**は通常通り増殖するが，ストレスなどの条件が加わるとプロファーが切り出され，溶菌サイクルに入って増殖をはじめる．組込みと切り出しにはファージにコードされるそれぞれ**インテグラーゼ**と**エクシジョナーゼ**が関与する．溶菌と溶原化は多くのファージ遺伝子によって制御されるが，とりわけ転写制御因子の **Cro**（溶菌に向かう）と **CI**（溶原化に向かう）が重要である．

　b. P1ファージ：上記とは異なる溶原化機構が **P1ファージ**でみられる．P1ファージの末端には *loxP* という繰り返し配列があるが，感染後にファージがつくる組換えタンパク質である **cre** がそこに作用するとファージDNAが環状化し，細胞内にプラスミド状で安定に存続する．cre と *loxP* の間で起こる組換えは他の因子を必要としない単純な反応であるため，遺伝子工学において，目的DNAを組換えで挿入したり除いたりする場合に利用される（例：遺伝子ノックアウト法の cre-*loxP* システム）．

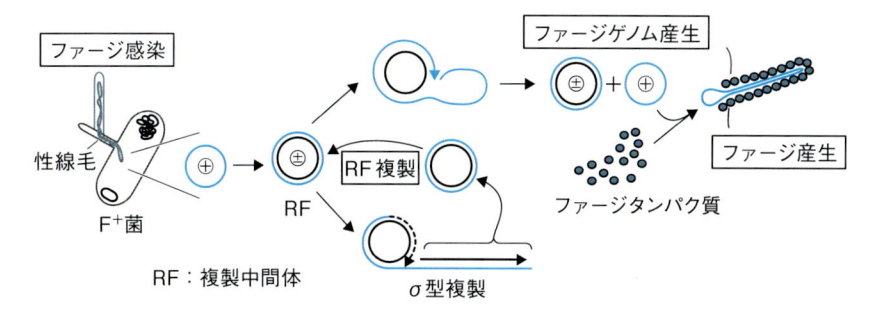

図 13·9　一本鎖環状 DNA 繊維状ファージの増殖 (M13 ファージの増え方)

13·3·4　一本鎖環状 DNA 繊維状ファージ

約 6 kb の一本鎖 DNA をもつグループで，**M13** や **fd** といったファージが含まれる．F 因子のつくる性線毛を介して細菌に感染すると，ゲノム DNA は二本鎖のプラスミド状態の**複製中間体（RF）** になり，それが σ 型複製で増幅する．RF からは一本鎖のゲノム DNA も産生され，遺伝子発現も起こるが，このような DNA ダイナミクスは他の一本鎖環状 DNA ファージ（例：**φX174**）にも共通にみられる．ファージゲノムはファージタンパク質に包まれ，芽が出るようにしてファージが細胞から出てくる．ファージの形態形成に制限がないため，遺伝子組換え実験ではかなり長い DNA も組み込むことができる（注：遺伝子組換え実験は RF を使って行われる）．

ファージゲノムには複製を駆動させる **IG 領域**があり，複製因子がそこに作用して一本鎖ゲノム DNA をつくる．この機構を利用し，遺伝子工学的にプラスミドに IG 領域を希望の向きに挿入し，そこに複製因子だけをつくる増殖欠陥ファージ（ヘルパーファージという）を感染させると，プラスミドの希望する鎖が一本鎖として増え，ファージとして得ることができる．

13·3·5　形質導入：ファージによる遺伝子運搬

レダバーグらはファージ感染に伴って宿主の遺伝子が感染菌に入るという現象を発見し，**形質導入**と名付けた．形質導入には 2 種類の方式がある．**普遍形質導入**は，ファージの殻に断片化した宿主 DNA が入り，感染によって遺伝子が導入される現象であるが，そのようなファージは感染性はあるが増

(a) 一般形質導入

断片化したゲノム DNA

(b) 特殊形質導入

プロファージ誘発

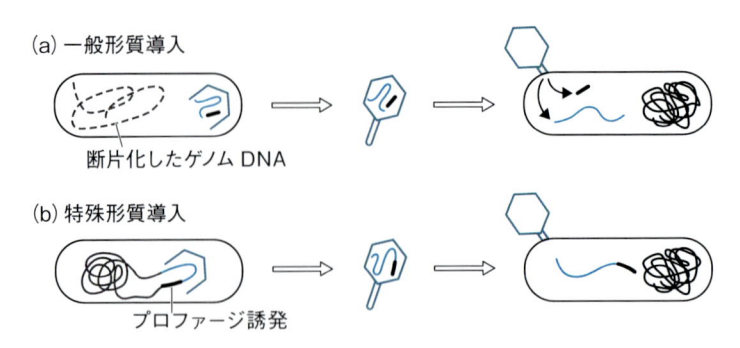

図 13・10　ファージ感染を介した宿主 DNA の導入

殖性はない．これに対し，ファージゲノムの中に宿主ゲノムの一部が組み込まれたファージの感染による遺伝子導入を**特殊形質導入**といい，感染性に加えて増殖性もある．特殊形質導入は λ ファージの溶原菌などでみられる．

13・4　細菌のトランスポゾン

13・4・1　トランスポゾンの構造と薬剤耐性遺伝子

トランスポゾンは真核生物においてはじめて発見されたが（12章），細菌にも存在し，細菌のゲノムやプラスミドの間を移動する．細菌のトランスポゾンの特徴は**転移酵素（トランスポゼース）**とともに**薬剤耐性遺伝子**をもつことで，トランスポゾン［Tn］の種類により標的薬剤は異なる（例：Tn3 → アンピシリン，Tn5 → カナマイシン，Tn9 → クロラムフェニコール）．トランスポゾンは R 因子の生成に密接にかかわり，また F 因子中にも多くのトランスポゾンが含まれる．

13・4・2　トランスポゾン以外の転移性 DNA

a．挿入配列：細菌には小型トランスポゾンである**挿入配列（IS）**が存在するが（例：IS1），薬剤耐性遺伝子をもたない点がトランスポゾンと異なる．

b．Mu ファージ：ファージの形態をとって DNA が効率よく細胞に導入され，ゲノムに転移する（挿入される）トランスポゾンの挙動を示す **Mu（μ）ファージ**というトランスポゾンがある．挿入を受けたゲノム遺伝子が高頻度に突然変異（Mutation）を起こすためにこの名がついた．

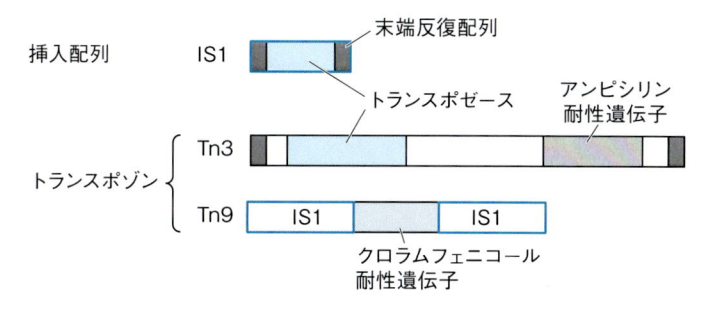

図 13・11 大腸菌の転移性 DNA

13・4・3 転移の分子機構

トランスポゼースが標的配列を数塩基ずらして切断し，さらにトランスポゾンに対しては末端繰り返し部分を標的に 1 本に結合させる．この後 DNA の修復合成が起こり，リガーゼで連結される．このため，標的配列の短い DNA が複製され，転移後のトランスポゾンの両端に出現する．

> **解説　利己的 DNA**
> トランスポゾンは細胞のゲノム DNA の複製の制御系とは無関係に，勝手に転移し，時には複製もする．このため転移性 DNA は**利己的 DNA** の一つにあげられる．

演習
1. 「細菌のゲノムは遺伝子でぎっしり埋まっている」ということをどう客観的に説明できるか．
2. よく似た 2 種類のプラスミドを多数の細菌細胞に入れ，その中の 2 個の細胞を別個に培養した．細菌中のプラスミド存在状態がどうなるかを予想しなさい．
3. 細菌は一倍体なので通常は相同組換えは起きないが，時としてみられる．どういう場合にみられるのか．
4. ファージを宿主菌に感染させたところ，透明なプラークと，濁ったプラーク（溶菌が不十分で生じる）の 2 種類がみられた．この理由を説明しなさい．
5. 抗生物質 A に対する耐性菌と B に対する耐性菌を一つの培養器の中で培養したら，A & B に対する耐性菌が出現した．出現機構を推定しなさい．

14 分子遺伝学に基づく生命工学

　分子遺伝学にかかわる生命工学には，すでに述べた DNA 塩基配列解析や PCR 以外にも，核酸やタンパク質の精製技術や分離・分析技術などが含まれる．しかし何といってもその中心は遺伝子組換え実験であろう．この技術により，希望するタンパク質を細胞内でつくったり，動植物個体を遺伝的に改変することが可能になった．

14・1　DNA の抽出，分離，検出

14・1・1　DNA 抽出の原理

　細胞から DNA を抽出する場合，大量に存在しているタンパク質をいかに除くかがポイントとなる．よく行われる方法は，タンパク質を変性させて水に溶けないようにする方法で，変性剤としてはフェノールなどが使われる

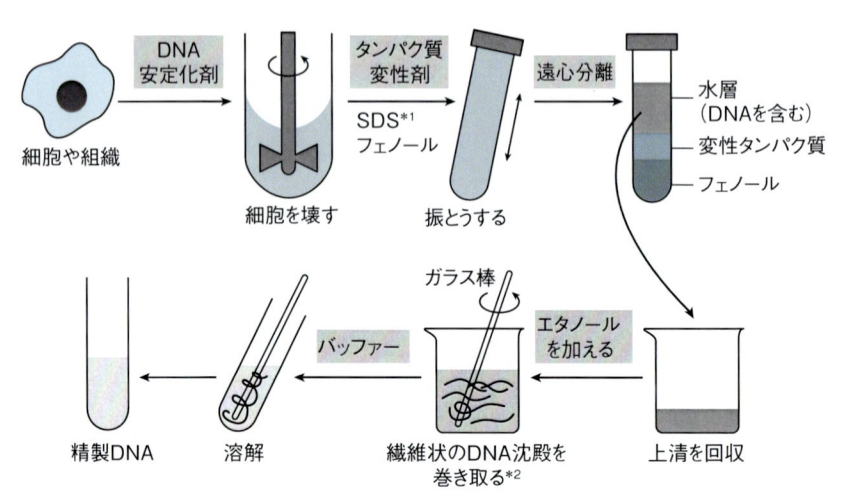

*1: SDS＝ドデシル硫酸ナトリウム　　*2: DNAはガラスに付きやすいため

図 14・1　DNA の抽出・精製法

（**フェノール抽出**）．DNA は水に溶けたまま残るので，遠心分離によって水とフェノールを分け，回収した水層にエタノールを加えて DNA を沈殿させる（**エタノール沈殿**）．RNA も基本的に同じ方法で精製することができる．このほか DNA をガラスや陰イオン交換体に吸着させる方法，DNA が固有の比重をもつことを利用して遠心分離で分離する方法などがある．

14・1・2 電気泳動による DNA の分離

DNA が電気的にマイナスに荷電していることを利用し，電気的に分離する方法（**電気泳動**）があるが，汎用される方法はゲルの中で DNA を泳動させる**ゲル電気泳動**である（ゲル：内部に大量の水を含む網目状高分子．例としてゆで卵や固まった寒天などがある）．実験では寒天の主成分でもある**ア**

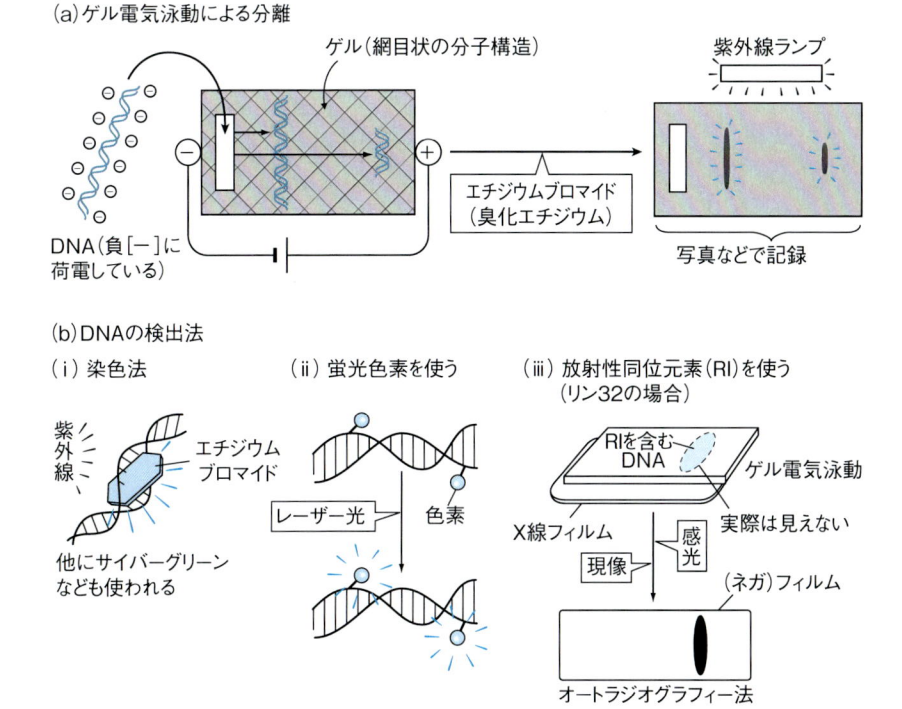

図 14・2 DNA のゲル電気泳動と検出

ガロースや，アクリルアミドのポリマー（**ポリアクリルアミド**）が使われる．ゲルの陰極側につくった穴に DNA を入れて電圧をかけると，DNA は陽極側へ移動するが，ゲルの網目構造のために大きな DNA（小さな DNA）はゲル中をよりゆっくり（速く）進み，DNA が大きさに従って分離できる．

14・1・3　DNA の存在を知るには

DNA の定量は DNA が 260 nm の紫外線を特異的に吸収する性質を利用して行うが（7 章），その存在を知りたい場合には DNA を染色する．通常は DNA 二重鎖にはまり込む**臭化エチジウム**を加え，そこに紫外線を当てて DNA をオレンジ色に発色させる．DNA に取り込まれるヌクレオチドに検出可能標識物質を含ませ，それを用いてつくった DNA を検出する方法もある．標識物質には放射性同位元素や蛍光色素があり，前者の場合は写真フィルムに感光させて映像化する**オートラジオグラフィー**で検出し，後者の場合は光をカメラで撮影する．以上の方法は RNA の検出や分析にも応用できる．

14・2　ハイブリダイゼーションによる核酸の解析

核酸が相補性に基づいて塩基対結合する性質を利用し，被検核酸をそれとハイブリダイズする標識された検出用核酸（**プローブ**）を用いて検出することができる．

14・2・1　ブロッティング

a. サザンブロッティング：サザンによって開発された DNA 検出法で，サザン法ともいう．DNA をゲル電気泳動で分離し，ゲルに薄い多孔質吸湿性フィルター（**メンブレンフィルター**）を乗せて DNA をしみ込ませる（☞ blot させる）．フィルター上の DNA をアルカリ変性後，プローブを加えてハイブリダイゼーションし，オートラジオグラフィーで目的 DNA の位置を知る．これにより目的の DNA がどの大きさの DNA 断片に含まれるかや，プローブ DNA とのおおよその塩基配列の一致度などがわかる．

b. ノーザンブロッティング：サザンブロッティングを RNA に応用した方法で，ノーザン法ともいう．RNA の発現量やその大きさがわかり，そこ

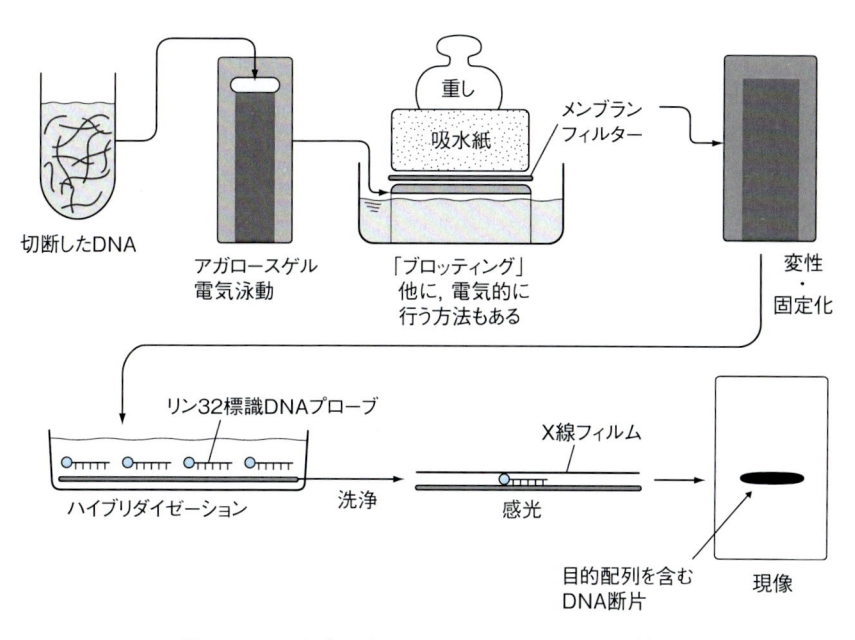

図14·3　ハイブリダイゼーションによるDNAの検出

からスプライシングや転写開始部位に関する情報も得られる．

14·2·2　DNAマイクロアレイ／DNAチップ

ノーザンブロッティングを非常に多くの遺伝子に関して行うとすると，その数だけの実験が必要となり非現実的であるが，これを克服する方法として**DNAマイクロアレイ法**がある．この方法では不特定多数のRNAから蛍光色素結合ヌクレオチドを使って標識cDNAを混合物としてつくる．一方，スライドグラスなどの基板に，数千種以上の既知DNAを列（アレイ）に沿ってミクロレベルで点状に付ける．通常のブロッティングとは逆で，プローブ

解説　**S1マッピング**

RNAとDNAプローブでつくった二本鎖をS1ヌクレアーゼ処理し，ハイブリダイズしないで残った核酸をゲル電気泳動し，RNAの塩基配列を局所的に解析する．

は基板についている非標識 DNA となる．両者でのハイブリダイゼーション後，顕微鏡下で蛍光を検出する．cDNA 中（つまり RNA 中）に X 遺伝子由来のものがあれば，X 位置に相当するスポットでの発色がみられる．

14·3 タンパク質を扱う

14·3·1 抗体によるタンパク質検出

不特定多数のタンパク質の中から特定タンパク質を検出するには，目的タンパク質と特異的に結合する抗体を作用させる．次にその抗体を認識する**二次抗体**を作用させるが，二次抗体には酵素がついているので，発色や発光などを誘導する酵素反応を行うと，結果が画像として得られる．この原理に基づき，細胞内のタンパク質局在を検出したり（☞**抗体染色，免疫蛍光染色**），フィルターにしみ込ませたタンパク質を検出（☞**ウエスタンブロッティング**）することができる．抗体を微小ビーズに付けた後，そこにタンパク質を結合させ，目的タンパク質を遠心分離などでビーズごと回収する**免疫沈降**という方法もあるが，この方法では，目的タンパク質に結合する別種タンパク質の解析も可能である．

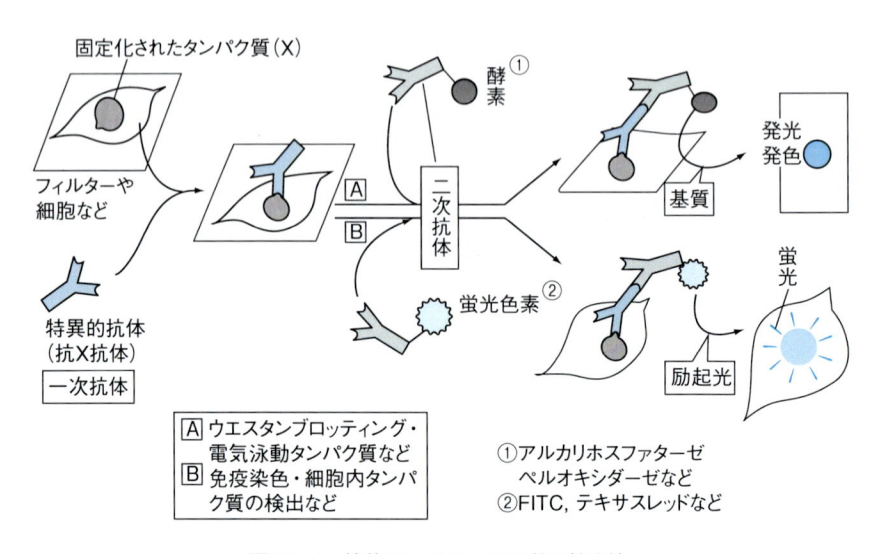

図 14·4 抗体によるタンパク質の検出法

14・3・2 プロテオーム解析

細胞内の全タンパク質（**プロテオーム**）解析の場合，まずタンパク質を**二次元電気泳動**で分離する．試料を pH 勾配をもつゲルに乗せて等電点電気泳動を行い（☞ タンパク質は固有の等電点 pH（荷電がゼロになる pH）の位置に移動する），次に電気泳動の終わったゲルを SDS-ポリアクリルアミドゲル電気泳動させ，タンパク質を分子量に従って分離する．こうして電荷と分子量によって分離されたタンパク質を染色／検出し，各スポットからタンパク質を抽出し，それを質量分析機にかけることによりアミノ酸配列が解読できるので，結果から塩基配列を割り出し，遺伝子を同定できる．解析では，アミノ酸配列を塩基配列に変換するプログラム，塩基配列を元にデータベース中にある遺伝子を探すプログラム，そして情報を IT に基づいて解析するといった**バイオインフォマティクス**（生命情報学）が利用される．

14・4　遺伝子組換え実験

14・4・1　遺伝子組換え実験とは

DNA を純粋に増幅する方法としてはすでに述べた PCR もあるが（5 章），人為的に組み換えた DNA を細胞に入れ，細胞を使って DNA を維持・増幅させる遺伝子組換え実験もある．この，いわゆる遺伝子工学実験は DNA 組換え実験などともいわれるが，本書では法律に準じて「**遺伝子組換え実験**」の用語を用いる．標準的な遺伝子組換え実験では，まず試験管内反応で組換え DNA 分子を作製し，それを大腸菌で増幅して目的 DNA を大量に得，その DNA をそれぞれの目的に用いる．実験の目的には，DNA の構造解析や機能解析以外にも，細胞を使ってのタンパク質生産，DNA をゲノムに組み込ませての細胞形質の修飾や遺伝子改変個体の作製などがある．

14・4・2　組換え DNA 作製技術とベクター

a．ベクター：実験ではまず酵素を用いて試験管内で DNA を切断・修飾・連結して，組合せを変えた DNA をつくる．目的 DNA を細胞に導入するため，それを運び屋 DNA「**ベクター**」に連結する必要があるが，使うベクターは実験の目的により異なる．DNA を増やすためにはその細胞で働く複製起

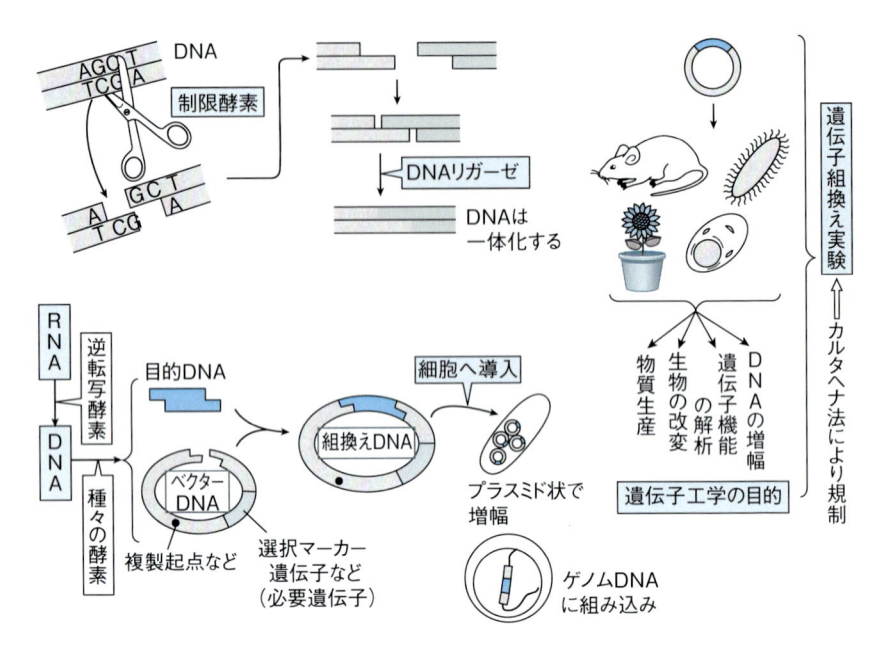

図 14·5　遺伝子組換え実験の全体像

点を含ませることが，発現やタンパク質合成を行わせるには転写や翻訳の調節配列が必要である．ベクターには通常　二つの基本条件が備えられる．一つは異種DNAを組み込むための制限酵素切断配列があること（注：そのような配列がなくとも，細胞内で組換えDNAを作製する方法も一部使われる），あと一つは選択マーカーとなる遺伝子を含むことである．

b. 選択マーカー：選択マーカーは①ベクターが細胞に入ったことがわかるために使われる遺伝子と，②目的DNAがベクター内にあることを知らせる遺伝子に大別される．マーカー遺伝子の働きとしては，(i) 遺伝子産物が発色にかかわる酵素をつくり，実験操作の成否が色でわかるものと，(ii) 細胞の生存にかかわる遺伝子に大別できる．前者の例としては大腸菌の *lac* オペロンを利用した**青白選択法**がある．この方法はβ-ガラクトシダーゼ遺伝子（*lacZ* 遺伝子）を使い，それが発現すれば酵素により **X-gal** が青色に発色する（9章）．培地に **IPTG** と基質の X-gal を加えることで，細菌であれば青色のコロニー，ファージであれば青色のプラークが出現する．後者の例とし

(a) 薬剤耐性遺伝子を利用する

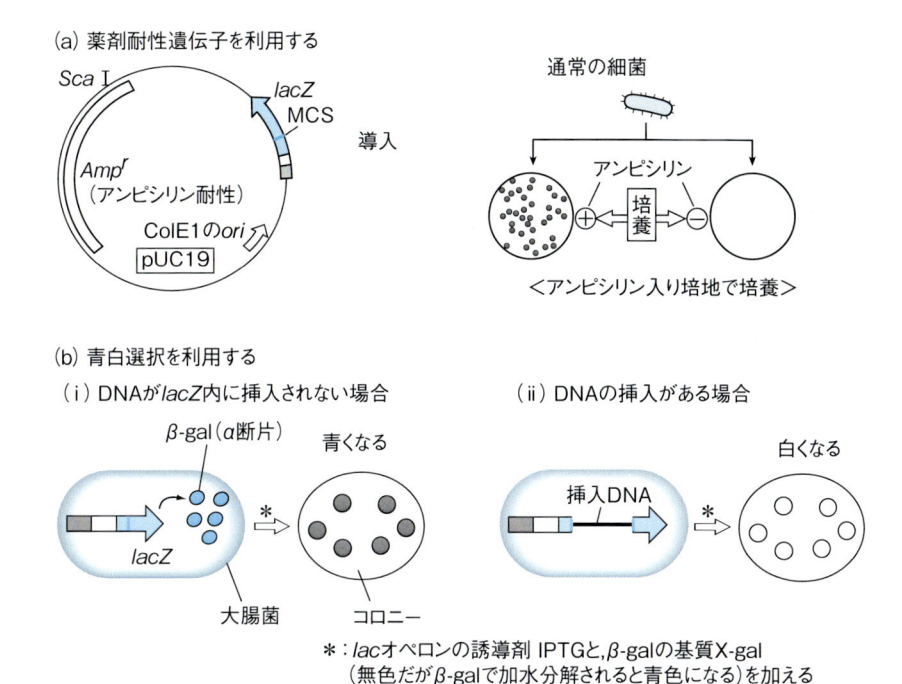

(b) 青白選択を利用する
(i) DNAが lacZ 内に挿入されない場合
(ii) DNAの挿入がある場合

＊：lac オペロンの誘導剤 IPTG と，β-gal の基質 X-gal
（無色だが β-gal で加水分解されると青色になる）を加える

図 14・6　ベクターがもつ選択マーカー使用の例（pUC プラスミドベクターの場合）

ては**薬剤耐性遺伝子**などがあり，ベクターに薬剤耐性遺伝子があれば，ベクターをもつ細菌は抗生物質共存下でも生育できる．この戦略は動物細胞や植物細胞でも使うことができ，動物細胞では増殖抑制剤の **G418** とそれを無毒化する**ネオマイシン耐性遺伝子**の組合せなどが利用される．

14・4・3　細胞に DNA を入れる

DNA を取り込みやすくなるように処理した細菌（**コンピテント細胞**）に DNA を接触させることで，効率よく DNA を細胞に取り込ませることができる．高電圧の電気パルスで細胞膜に一瞬だけ穴を開け，そのすきに DNA を入れる**電気穿孔法（エレクトロポレーション）**は，細菌のみならず動植物細胞にも応用できる．動物細胞特有の方法としては，DNA をリン酸カルシウム沈殿とともに取り込ませる**トランスフェクション**や，人工脂質二重膜と

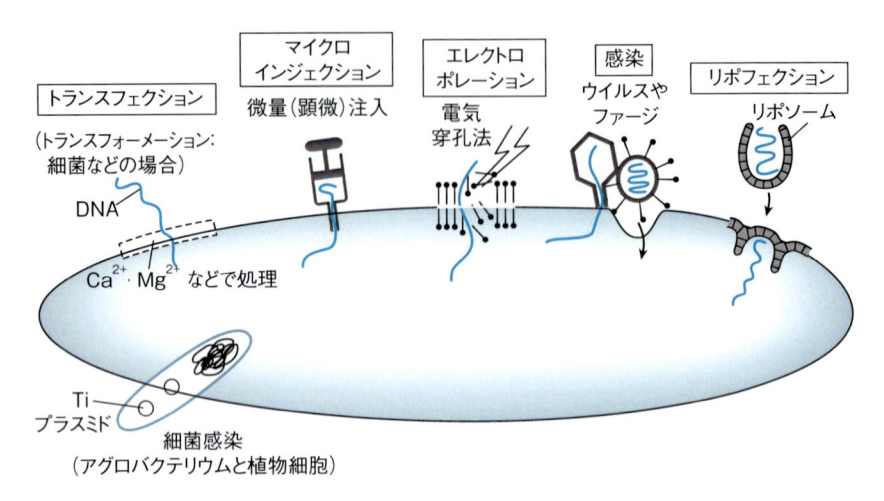

図14・7 細胞にDNAを導入する方法

共存させてDNAを細胞に入れる**リポフェクション**がある．ウイルス粒子はそれ自身が高い感染効率をもつため，細胞に感染させるだけで非常に高い効率でDNAを導入できる．植物細胞では電気穿孔法のほか，アグロバクテリウムとTiプラスミドを組み合わせて宿主ゲノムにDNAを組み込ませる方法がある（13章）．植物細胞では細胞壁を消化酵素で処理したプロトプラストも使われる．

14・4・4 DNAライブラリーとDNAクローニング

遺伝的に単一のものを**クローン**というが，不特定多数の遺伝子やDNAの中から1種類のものを細胞を使って純粋に増やすことを**遺伝子クローニング**，あるいは**DNAクローニング**，分子クローニングといい，標準的には大腸菌が使われる．クローニングの材料として，古典的には**DNAライブラリー**が使われる．DNAライブラリーとは，不特定多数のDNAが組み込まれたベクター保有細菌やウイルスの集団のことで，遺伝子ライブラリー，DNAバンクともいう．遺伝子をクローニングする場合，まずDNAライブラリーをペトリ皿に広げ，それらをフィルターに転写させた後，サザンブロッティングの要領（14・2・1参照）でDNAを検出し，元の細胞やファージに戻っ

(a) ハイブリダイゼーションによるクローニング

ライブラリー → (大腸菌) プラーク形成 → フィルターに写す → (RI標識DNAプローブ) ハイブリダイゼーション → (X線フィルム 感光・現像) オートラジオグラフィー

(b) 発現クローニング（抗体を使う方法の例）

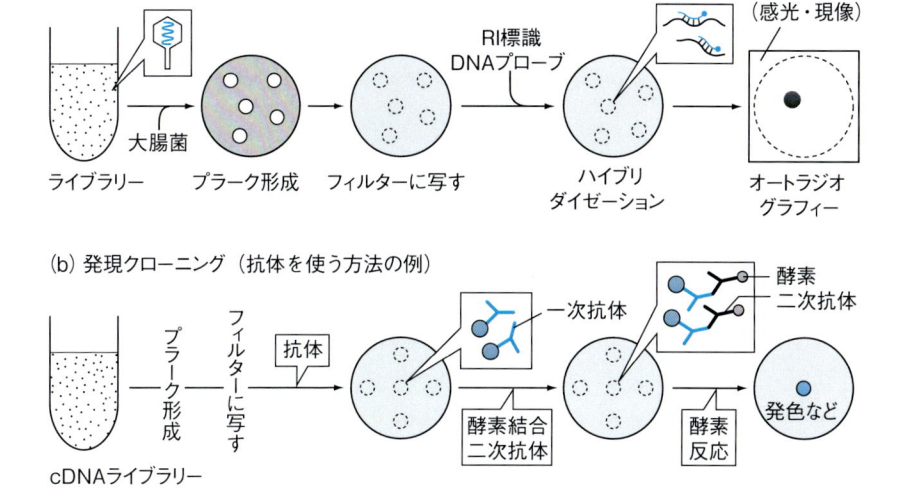

cDNAライブラリー → プラーク形成 → フィルターに写す → (抗体) → 一次抗体 → 酵素結合二次抗体 → 酵素二次抗体 → 酵素反応 → 発色など

図 14・8　DNA ライブラリーからの遺伝子クローニング（ファージベクターの場合）

てそのクローンを増やす．DNA ライブラリーのうちゲノム DNA からつくったものを**ゲノミックライブラリー**，cDNA（下記）からつくったものを **cDNA ライブラリー**という．最近では主な生物やウイルスのゲノム構造が解読・公開され，PCR も普及しているので，ライブラリーではなく，単なる DNA 混合物の中から塩基配列情報を元に PCR で目的 DNA を増幅し，それをベクターにクローニングする方法が一般的になっている．

14・4・5　cDNA を使う遺伝子組換え実験

a．cDNA クローニング：RNA を元にして逆転写酵素で作製した DNA を **cDNA** といい，それを使う **cDNA クローニング**は真核生物のタンパク質コード遺伝子を元に細胞内でタンパク質を作製する方法として汎用されている．作製した一本鎖 cDNA を二本鎖とし，ベクターに組み込んで組換え DNA を作製する．細胞内で働けるような転写・翻訳の制御配列がベクターにあれば，ベクターに組み込まれた cDNA から一定の確率でタンパク質がつくられる．

b．発現クローニング：組換え DNA がタンパク質を産生すれば，そのタンパク質の性質に基づくクローン選択（**発現クローニング**）が可能となる．

目的タンパク質の抗体が利用できる場合は，ペトリ皿に広がったライブラリーをフィルターに転写し，ウエスタンブロッティングの要領で目的クローンの位置を確認できる．発現クローニングにはいろいろなバリエーションがある．細胞にクローンを導入し，期待される機能や活性（例：接着性，増殖性）があったり，特徴的な生物機能（例：神経機能，行動，形態形成）をもつ場合は，細胞や個体を使ってクローンを同定することもできる．

14·5　多細胞生物の遺伝子改変

個体発生に進む能力のある細胞に遺伝子操作を施し，その細胞から個体を作製すると，全身の細胞の遺伝子が等しく改変された個体を作製することができる．遺伝子の機能を改変させた個体の作出は，遺伝子機能の解明や有用個体の作出につなげることができる．

14·5·1　遺伝子導入生物

遺伝子導入生物を**トランスジェニック生物**という．

a. 動物の場合：ベクターに組み込んだ形で受精卵に遺伝子を入れ，非相同組換えでゲノムに組み込ませるが，組込み能のあるウイルスを使う方法と，DNA 断片が偶然にゲノムに取り込まれる機構を利用する方法とがある．受精卵に**微量注入（マイクロインジェクション，顕微注入）**によって DNA を核に注入し，その後 疑似妊娠させたメスの子宮に卵を戻して発生・出産させる．導入 DNA は細胞分裂や発生の過程で，個別のタイミング，個別の部位でゲノムに挿入されるため，生まれた個体は導入遺伝子に関してそれぞれで異なる固有の**キメラ個体**となる．生まれた動物はこの時点ではトランスジェニックではないが，生殖細胞に導入遺伝子が入っていれば，その個体を元に子を出産させ，ヘテロ接合（相同染色体の一方に導入遺伝子をもつ）のトランスジェニック動物が得られる．ヘテロ動物の交配により，ホモ接合のトランスジェニックもつくられる．遺伝子治療では個別の組織に限定的にDNA を導入するので，治療を受けた患者はキメラとなる（生殖細胞に遺伝子を入れることは禁じられている）．

b. 植物：植物は分化の全能性をもつため，どのような細胞からでも個体

図14·9 遺伝子導入動物の作製法（トランスジェニックマウスの例）

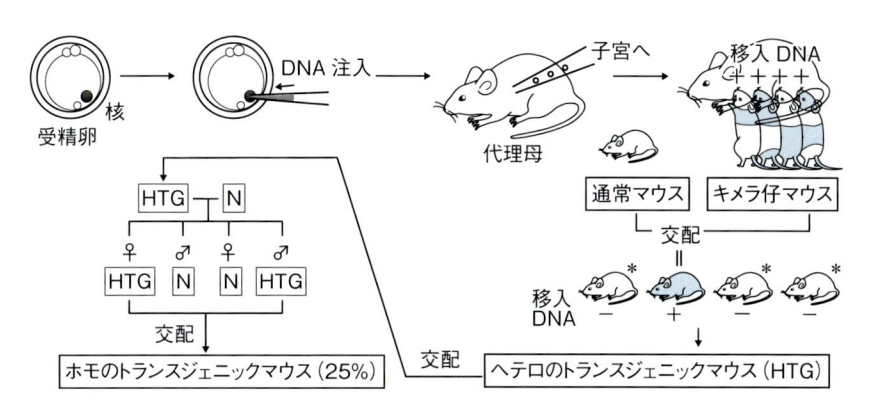

トランスジェニック：遺伝子導入
＊：親にしたキメラマウスの生殖細胞に移入DNAが入っていなかった場合
N：normal

をつくることができる．ベクターに組み込んだ遺伝子を，電気穿孔法か，Tiプラスミド（12章）を利用してDNAをゲノムに組み込ませる．その後マーカー遺伝子を指標に目的細胞を選択・増殖させて，不定形組織（**カルス**）に成長させ，それを分化培地に移してから植物個体に分化させ，育てる．いわゆる「**遺伝子組換え作物**」として市場に流通している植物はこのような方法でつくられたものである．

14·5·2 遺伝子の破壊

a. 標準的方法：遺伝子が破壊された**遺伝子ノックアウト**個体は，もっぱら動物を対象に，遺伝子機能の解明を目的として作製される．小さな範囲の塩基配列を変化させる程度の塩基配列操作は**ノックイン**というが，いずれも変更したい遺伝子上の場所を正確に定めて行う**遺伝子ターゲティング法**の一つである．作製には多分化能培養細胞である**ES細胞**を用いる．細胞に標的遺伝子の一部を入れて相同組換えを起こさせるが，導入遺伝子（通常は一部）は標的部分をマーカー遺伝子と置換させる．ただこの方法では，確率的に相同染色体の一方のみしか遺伝子破壊が起こらない．そこでまず組換えが起こった細胞を，マーカー遺伝子を指標に選択し，トランスジェニック法の

```
                    ┌─二倍体細胞─┐
```

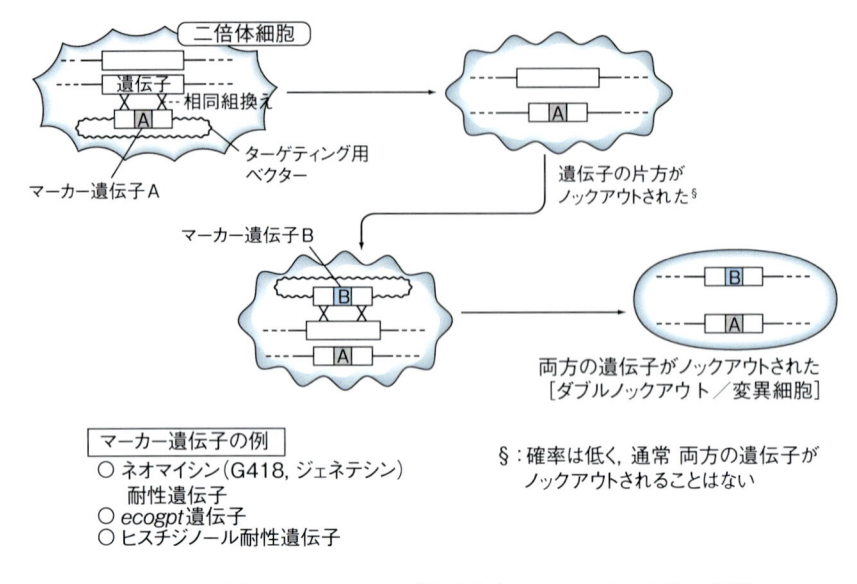

図 14・10 遺伝子ターゲティング法（ダブルノックアウト細胞の作製）

マーカー遺伝子の例
○ ネオマイシン（G418, ジェネテシン）耐性遺伝子
○ *ecogpt* 遺伝子
○ ヒスチジノール耐性遺伝子

§：確率は低く，通常 両方の遺伝子がノックアウトされることはない

ように胚胞内に注入してキメラ動物を得，その後ヘテロ，そしてホモの遺伝子破壊動物を得る．生まれた動物の表現型から遺伝子機能を推定できる．

b. 応用：標的遺伝子が細胞の生育に必須な場合，遺伝子破壊動物は発生の途中で死んでしまうが，遺伝子破壊を cre-*loxP* システム（13 章）を使って任意のタイミングで起こせば（☞ 組込み酵素 cre の発現を希望するタイミングで行えば），必須遺伝子であっても機能解析ができる．相同組換えの標的部分を変異塩基配列にすれば，遺伝子に変異をもつ動物が作製できる．片方の遺伝子座がノックアウトされた培養細胞を元に，別のマーカー遺伝子を使って再度遺伝子破壊すると，**ダブルノックアウト細胞**（培養細胞レベルで遺伝子が二重に破壊された細胞）をつくることができる．

14・6　遺伝子組換え実験の安全性

遺伝子組換え実験は法律（通称「**カルタヘナ法**」）に基づいて安全に行われる．なお，法律で定める**遺伝子組換え生物**（**LMO**）の「生物」には，通常の生物とウイルス，ウイロイドが入るが，ヒトは含まれない．実験の安全

(a) 実験分類（例）

クラス1	マウス，ヒト，イネ，シロイヌナズナ，大腸菌 K-12 株，出芽酵母
クラス2	赤痢菌，コレラ菌，ヒトアデノウイルス，非増殖性 HIV-1，日本脳炎ウイルス，ポリオウイルス
クラス3	炭疽菌，結核菌，ペスト菌，チフス菌，SARS ウイルス，HIV-1，西ナイルウイルス，強毒性インフルエンザウイルス
クラス4	エボラウイルス，ラッサウイルス，天然痘ウイルス

クラスが 1 → 4 になるほど，封じ込め基準が厳しくなる

(b) 遺伝子組換え実験室

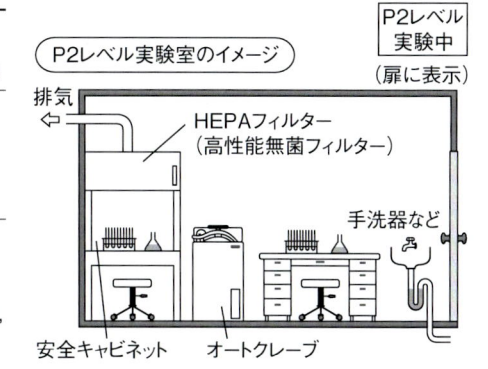

P2レベル実験室のイメージ

P2レベル実験中（扉に表示）

排気／HEPAフィルター（高性能無菌フィルター）／手洗器など／安全キャビネット／オートクレーブ

図 14·11 カルタヘナ法による遺伝子組換え実験の安全の確保

は主に LMO の物理的封じ込め措置によって確保されている．**封じ込めレベル**は使用する遺伝子や生物の危険度や培養の規模，ベクターの種類などで決められるが，通常 P1 〜 P3 が設定されており，数値が増えるほど封じ込めレベルが上がる．**P1** は通常の実験室に準ずるが，**P2** では安全キャビネットが設置され，**P3** では二重ドア，衣服の交換，持ち出し物品の滅菌処理など，多くの安全措置が必要である．

演習
1. タンパク質や核酸のゲル電気泳動で，ゲルの pH はどのように配慮すればよいか．
2. 核酸ブロッティングのサザン法とノーザン法の共通点と相違点を述べなさい．
3. 遺伝子組換え実験においてベクターが備えるべき条件にはどのようなものがあるか．
4. 遺伝子組換え生物が実験室の外に漏れ出さないようにするために，どのような対策がとられるか．

演習問題の解説，解答例

≪1章≫

① 生物的面は遺伝現象をもって増殖すること．非生物的面は細胞をもたず，自己では増殖できない（生細胞内でのみ増殖可能）こと．このほか，DNAかRNAのいずれかしかもたないこともある．

② 真核生物は（細菌は）<u>核や細胞小器官をもち</u>（もたず），DNAは<u>タンパク質の結合したクロマチン構造をとる</u>（裸の状態である）．真核細胞は（細菌は）<u>細胞骨格タンパク質をもち原形質流動や有糸分裂を行う</u>（はもたず，原形質流動も有糸分裂も行わない）．なお，真核生物は単細胞もあるが<u>多細胞個体もある</u>（細菌は単細胞である）．

③ 非病原性で簡単な培地で急速に増殖する．多くの変異体が扱え，プラスミドやファージを材料に遺伝学実験ができる（☞遺伝子組換え実験にも向いている）．なによりも，遺伝子構造や遺伝子発現機構がよく研究された最も理解の進んだ生物であることが重要である．

④ 真核細胞は微小管繊維がかかわる有糸分裂をするが，大腸菌などの細菌は無糸分裂で増える．したがって有糸分裂を阻害する薬剤は大腸菌には効かない．

⑤ 滅菌とはすべての生命体を死滅させる方法で，細菌の芽胞も殺せる．滅菌法として，高圧蒸気滅菌（オートクレーブ：121℃ -20分），火炎滅菌（炎の中で燃焼・赤熱する）．他にオーブンを使った乾熱滅菌（例：180℃ -1時間），ガンマ線滅菌もある．

≪2章≫

① 核酸には大量のリン酸が含まれるが，そこにはリン原子に結合する水酸基 [-OH] があり，そのHが水素イオンとして解離しやすい．水素イオンを放出する物質が酸の定義である．水素イオンが離れた核酸分子には電子が残り，電気的には負に荷電する．

② それぞれアミノ酸とヌクレオチドが重合した高分子で，さらにどちらも直接の遺伝情報をもっているため．

③ 解糖系などでみられる基質レベルのATP合成（基質にあるリン酸がADPに移ってATPになる），酸化的リン酸化，植物の光合成による光リン酸化がある．

④ 細胞質には大量のRNAとDNAが存在する．細胞が死ぬとこれらがヌクレオチドに分解され，塩基はさらに低分子に異化されるが，プリン塩基（アデニン，グアニン）は最終的に尿酸になるため．

≪3章≫
①この遺伝は複対立遺伝子によって起こると考えられる．赤と黄色が優性，白は劣性である．さらに赤と黄色は不完全優性なため，白とのヘテロ接合では色が薄くしか出ない．つまり両者の交配で生ずる個体は中間雑種となり，花の色は両者の中間色である橙色になる．
②Xの合成にかかわる遺伝子（酵素遺伝子）がいくつかあり，細菌がⅠ遺伝子に欠損をもつとすると，プラスミドAはⅠ遺伝子をもつので，欠陥を相補できる．しかし，プラスミドBはⅠ以外の遺伝子をもっていたのでX合成欠損を相補できなかったと考えられる
③変異を抑圧する抑圧変異が起こったと考えられる．抑圧変異により遺伝子Xの機能と類似遺伝子，あるいはその機能を強化する遺伝子ができ上がったか，もしくは発現が高まった．元の変異がアミノ酸コード領域に起こったナンセンス変異であれば，サプレッサーtRNAの発現が起こった可能性もある．
④一つは遺伝子外のDNA，とりわけ発現調節領域に変異が起こるケースがある．もう一つはDNAのメチル化やクロマチンの変化／修飾により，発現変化が起こる場合が考えられる．

≪4章≫
①前者はデオキシアデノシン三リン酸で，塩基がアデニンで糖はデオキシリボース，リン酸が5′に3個付いている．後者はウリジン一リン酸で，塩基がウラシル，糖はリボース，リン酸は1個である．
② 5′-NYKMWADC
③DNAで使われるチミンとデオキシリボースはRNAではウラシルとリボースであり，またDNAが二本鎖であるのに対しRNAは原則一本鎖である．このほか，RNAは球状にまとまりやすいという特徴がある．
④ホルムアミドは核酸変性剤で，100％ではT_mを60℃下げる．通常DNAのT_mは80℃前後なので，室温程度となり，多くのDNAが一本鎖になる．
⑤無傷のプラスミドはⅠ型DNA（閉環状DNA）なので負の超らせん構造をとり，全体がよじれた糸状になる．

≪5章≫
①塩基にアデニン，グアニン，シトシン，チミンのいずれかをもち，糖は2′-デオキシリボース，リン酸を3個もつこと．

②複製にかかわる DNA ポリメラーゼ一般にある．間違って合成した部分から上流へさかのぼって DNA を 1 個ずつ削り取る 3′→5′ エキソヌクレアーゼ活性．
③X の配列がメチル化されないと，その部分が制限酵素 X から保護されず，DNA が切断されてしまうから．
④増幅する．最初の反応で 1 本の相補鎖ができると二本鎖となり，あとは通常の PCR のように反応が進む．

≪6 章≫
①メセルソンとスタールの大腸菌を使った実験．重い窒素を用いて重い DNA をもつ大腸菌を調製し，次にこれを普通の窒素のある環境で分裂させて DNA の重さを測定した．最初の分裂した細胞中の DNA はその重さが少し軽くなり，次の分裂細胞では前と同じ重さとそれより軽い重さの二つに分かれた．
②環状 DNA は基本的にユニレプリコンだが，線状ゲノムをもつ真核生物の DNA はマルチレプリコンである．環状 DNA は θ 型複製か σ 型複製のどちらかの様式をとり，また複製の末端問題はない．
③ラギング鎖合成の初期，複製のフォーク付近でつくられる．
④RNA にはテロメアにある繰り返し配列単位と相補的な配列があり，ここでテロメア DNA とハイブリダイズすることにより RNA が DNA 合成の鋳型として機能する．
⑤（複製の）ライセンス化という．細菌の場合は新生 DNA の低メチル化がシグナルになる．真核生物ではタンパク質リン酸化酵素による複製因子複合体のリン酸化と，それに制御される新規複合体の形成阻止，および既存複合体の活性化という機構がある．

≪7 章≫
①大きく，相同組換え（二本鎖切断修復，合成依存性アニーリング）と非相同組換え（部位特異的組換え，ランダムな組換え）に分けられる．
②RecA．一本鎖 DNA に結合して相同 DNA 部分にアニールさせる．LexA などを自己分解に導き，SOS 応答遺伝子の発現を誘導する．
③ウラシルに変化する．修復ではまずウラシルが切り取られ，続いて除去修復（塩基除去修復）機構が働く．
④まず複製にかかわる DNA ポリメラーゼのもつ校正機能によって取り込み塩基を正す．次に，それでも残った不対合塩基をミスマッチ修復機構で正す．
⑤TLS と略される．修復に特化した DNA ポリメラーゼ（例：大腸菌の DNA pol IV，V．

真核生物の DNA pol η）が損傷部位を乗り越えるように強引に複製する．ピリミジン二量体に AA を対合させるものもある．校正機能が働かないので突然変異の確率が高い．

≪8章≫
①転写では二本鎖 DNA，RNA ポリメラーゼ，4rNTP が必要だが，複製では二本鎖あるいは一本鎖 DNA，DNA ポリメラーゼ，4dNTP が必要．転写は基本的には遺伝子ごとに起こるが，複製はレプリコンごとに起こる．複製はプライマーが必要だが転写は不要である．
②プロモーター構造が両者で異なる（転写自体が起こらない）．大腸菌ではスプライシングが起こらないため正常なタンパク質ができない．なお，本章では扱わなかったが，翻訳に関する調節機構も両者で異なる（11 章参照）．
③スプライシングでイントロンが除かれて短くなった．
④真核生物の mRNA の 3′ 端にはポリ A 鎖がついている．このポリ A がデオキシチミジンの鎖と水素結合で付着する．あとは適当な方法で結合した mRNA を洗い流して回収する．大腸菌の mRNA にはポリ A 鎖がない．

≪9章≫
①複製は開始が起こったあとは一定のスピードでレプリコンを複製し，終結する．細胞分裂の前に一度だけ起こる．一方 転写は遺伝子ごとの特異的効率で進み，制御は主に転写開始前の段階で効く．中には細胞内でまったく転写されない遺伝子もある．細胞周期中で転写の起こるタイミングも特異的である．
②正の誘導物質はラクトース（あるいはその誘導体）．負の誘導物質はグルコース．
③ホルモンが入ると転写因子（一般名：核内受容体）に結合して因子を活性化する．活性化された因子が遺伝子近傍のエンハンサーに結合し，場合によってはコアクチベーターも介在し，メディエーターを介して基本転写装置＋ RNA pol II と結合する．
④転写制御因子（DNA 結合性），基本転写因子，コファクター，メディエーター．
⑤コドン（アミノ酸指定暗号），遺伝子発現制御配列（エンハンサーなど），ヒストン修飾（ヒストンコード）．

≪10章≫
①多様な mRNA，各アミノ酸に対する tRNA，4 種の rRNA．mRNA 以外の RNA は非コード RNA．

②当該遺伝子からつくられる mRNA の配列の一部を含む約 21 塩基対の二本鎖 RNA（siRNA）を細胞に導入する．mRNA が分解されて，遺伝子の発現が抑えられる．
③外来性，あるいは寄生性の核酸（☞ウイルス，ウイロイド，トランスポゾン）の抑制．
④リボザイムの存在．逆転写酵素の存在．その他，RNA ウイルスの存在や RNA 機能の多様性．

≪11 章≫
① 1 文字の場合は最大 4 種類．2 文字では最大 16 種類．
②どのアミノ酸の tRNA と結合するかを決めるのはアンチコドン以外の部分であるため，作製した tRNA はアラニンのコドンにロイシンをあてる．
③細菌の mRNA にはリボソーム結合のための SD 配列と真の開始 ATG コドンの目印であるコザック配列があるが，真核生物 mRNA にはそのような配列が存在しないため．
④翻訳の開始コドン AUG はメチオニンであり，基本的にはメチオニンが N 末端に存在する．しかし N 末端が部分切断・除去されて成熟したタンパク質の N 末端には他のアミノ酸がみられる．

≪12 章≫
①ゲノムとは染色体がもつ 1 セット分の DNA である．
②関連した配列の遺伝子が数個存在する重複遺伝子・遺伝子ファミリー．多数存在する（数百個～千個）rRNA や tRNA に関する多コピー遺伝子．非遺伝子領域にある DNA トランスポゾンや主要な DNA 量としては最も多いレトロトランスポゾンは中程度に反復している．量は少ないが高度に反復している縦列反復配列．
③ RNA が逆転写されて DNA になりそれが転移する（ゲノムに組み込まれる）．
④ヒストンが DNA を巻き付けてヌクレオソーム構造をつくり，それが何重にも折りたたまれてコンパクトになっているため．
⑤ゲノムインプリンティングによる．修飾されたゲノム「エピゲノム」の状態が精子と卵で異なり，その状態が子に引き継がれるため，父方・母方のいずれかの遺伝子が強く／弱く発現しうるため．

≪13 章≫
①平均遺伝子サイズが 1 kb 前後，遺伝子 1 個あたりのゲノムサイズも 1 kb 前後な

ので，遺伝子間の隙間は少ない（コメント：DNA 鎖の相補鎖で遺伝子が重複してコードされる場合もある）．
② 不和合性発現のため，一つの細菌クローンには 1 種類のプラスミドしかみられない．
③ Hfr 菌からゲノムが移入された雌菌の細胞内や，形質導入ファージが感染した細胞内でみられる．
④ このファージはテンペレートファージで溶原化したため．溶原化率はそれほど高くないため，溶けた部分と溶けない部分が合わさって濁ったプラークができる（コメント：溶原菌内には溶菌サイクルを阻止するタンパク質があるので，ファージ重感染は阻止される）．
⑤ 菌の接合により A（B）耐性遺伝子をもつプラスミドが B（A）耐性遺伝子をもつ菌に入った．あるいは B（A）耐性遺伝子がトランスポゾンを介して A（B）耐性遺伝子をもつプラスミドに転移し，A＋B（2 剤）耐性プラスミドができた．

≪14 章≫
① タンパク質の場合，等電点によってもつ電荷が異なり，pH によって陽極に移動するタンパク質の種類が異なる．それを利用した等電点電気泳動という方法がある．多くのタンパク質の等電点は中性〜弱酸性なので，pH をアルカリ性にすることで多くのタンパク質を陽極に泳動できる．DNA は微酸性以上のどの pH でも陽極に泳動できる（ただし，アルカリ性になると変性して泳動される．酸性では DNA が切断されるので使えない）．RNA の場合も DNA に類似するが，強アルカリ性になると RNA が分解されてしまうので使えない．
② どちらも核酸をほぼ中性の pH で電気泳動し，メンブランフィルターに転写させ，それを標識されたプローブ DNA とハイブリダイズさせ，核酸の位置を画像データとして得る．ノーザンは RNA 用の解析法である（ちなみにサザンは人名だが，ノーザンはそのパロディー）．RNA の電気泳動では変性試薬を入れ，RNA サイズに従った泳動を行わせる場合が多い．
③ 基本的には制限酵素認識部位とマーカー遺伝子が含まれること．さらに，増殖させる場合は複製起点が必要である．発現ベクターであれば転写・翻訳も必要（真核生物の場合はスプライシングやポリ A 付加シグナルも必要）である．その他実験目的に合ったさまざまな配列（例：転写ベクターであればファージ RNA ポリメラーゼ結合部位）も必要．
④ P1 〜 P3 までの専用の実験室を使い，使用ルールを守る（例：窓を閉める．花粉／動物の飛散や逃亡を防止する措置がとられている．生物を不活化する準備ができている．部外者の出入りを制限する）．

参 考 書

＜入門書，初学者〜教養課程向け＞

1. 「基礎分子生物学　第3版」田村隆明，村松正實 著（東京化学同人）2007年
2. 「コア講義　分子生物学」田村隆明 著（裳華房）2007年
3. 「図解入門　よくわかる 分子生物学の基本としくみ」井出利憲 著（秀和システム）2007年
4. 「ゲノムサイエンスのための　遺伝子科学入門」赤坂甲治 著（裳華房）2002年
5. 「理系総合のための生命科学　第3版」東京大学生命科学教科書編集委員会 編（羊土社）2013年

＜生物系の学部学生学向け＞

1. 「ベーシックマスター 分子生物学　改訂2版」東中川 徹 他編（オーム社）2013年
2. 「改訂第3版　分子生物学イラストレイテッド」田村隆明，山本 雅 編（羊土社）2009年
3. 「分子生物学超図解ノート　改訂版」田村隆明 著（羊土社）2011年
4. 「基礎から学ぶ遺伝子工学」田村隆明 著（羊土社）2012年

＜学部専門課程から大学院生向け＞

1. 「ワトソン 遺伝子の分子生物学　第6版」中村桂子 監訳（東京電機大学出版局）2010年
2. 「分子細胞生物学　第6版」石浦章一 他訳（東京化学同人）2010年
3. 「遺伝子　第8版」菊池韶彦 他訳（東京化学同人）2006年
4. 「ハートウェル遺伝学」菊地韶彦 監訳（メディカル・サイエンス・インターナショナル）2010年

索 引

記 号

−10 領域　80
−35 領域　80
Ⅰ型 DNA　39
Ⅱ型 DNA　39
Ⅱ型制限酵素　48
Ⅲ型 DNA　39
α 位　49
β-ガラクトシダーゼ　90, 148
γ 位　50
λ ファージ　61, 68, 137
μ ファージ　140
ρ 依存性　83
σ 因子　80
ΦX174　139
χ 配列　66

数 字

2'3'-ジデオキシヌクレオチド　51
2μm 系プラスミド　132
2 成分系　93
2 ドメイン説　4
3'→5'エキソヌクレアーゼ
　活性　43
3 ドメイン説　5
5'→3'エキソヌクレアーゼ
　活性　43
6-4 光産物　69
260nm　70

A, B

AGO タンパク質　105
Alu ファミリー　126
AP　15
AP エンドヌクレアーゼ　74
AraC　90
ARS　135
ATP　14, 32
ATP アーゼ活性　101
A 型　34
A 部位　114
BER　74
b-ZIP　94
B 型　34

C

cAMP　92, 96
CAP　92
CBP　97
cccDNA　39
Cdk-サイクリン複合体　64
cDNA　51, 151
cDNA クローニング　151
cDNA ライブラリー　151
C Ⅰ　138
ColE1　133
CPD　69
CpG アイランド　99, 129
cre　138
CREB　96
cre-loxP システム　154
Cre リコンビナーゼ　68
Cro　138
CRP　92
CTD　81
C 値　122

D

ddNTP　51
Dicer　105
DnaA　56
DnaB　38, 56
DnaG　56
DNA-PK　75
DNA pol　55
DNA pol Ⅰ　42, 43, 59
DNA pol Ⅲ　42, 58
DNA pol α　59
DNA pol δ　43, 59
DNA pol ε　43, 59
DNA pol η　75
DNase　46
DNA 組換え　65
DNA クローニング　150
DNA 検査　51
DNA シークエンシング　127
DNA 傷害　68
DNA 傷害剤　71
DNA 損傷　68
DNA チェックポイント能　77
DNA チップ　145
DNA プライマーゼ　59
DNA ヘリカーゼ　56
DNA ポリメラーゼ　41, 55
DNA マイクロアレイ法　145
DNA ライブラリー　150
DNA リガーゼ　45, 59
dNTP　42
DN アーゼ　46
DSB　69
DSBR　67

E, F

EDTA　46
esiRNA　106
ES 細胞　153
E 部位　114
F′　135
F 因子　134
F プラスミド　134

G, H

G_1 期　63
G418　149
GC 含量　38
GGR　74
GTP　115
HAT　15, 97
HAT 活性　100
HDAC　98
Hfr 菌　135
HGPRT　15
hnRNA　102
HP　15
HR　65

I, K

IG 領域　139
IMP　15
IPTG　148
IRES　113
IS　140
K-12　7
Ku70/Ku80　75

L

L1 ファミリー　126
lacZ　90
lacZ 遺伝子　148
lac オペロン　89, 148
Lac リプレッサー　90
lDNA　39
LexA　77
LINE　126
LMO　154
loxP　68, 138

LTR 126

M

M13 139
MCM複合体 38, 59, 63
miRNA 105
mlncRNA 106
mRNA 102, 109
MutH 75
MutS/L 75
Muファージ 140
MyoD 96
M期 63

N, O

ncRNA 102
NER 74
NHEJ 67, 75
NMD 116
NTP 42
ocDNA 39
Okazaki断片 58
ORC 63
ori 54
oriC 56

P

P1 155
P1ファージ 68, 138
P2 155
P3 155
p53 96
PABP 116
PAP 135
PCNA 60
PCR 50
PhoB 93
PhoR 93
Phoレギュロン 93
piRNA 106
pre-IC 63
pre-mRNA 102
pre-RC 63
PRPP 15
PTC 116
P-TEFb 82
P因子 125
P部位 114
Pボディー 116

R

Rad51 67
RecA 67, 76
RecBCD 38, 67
RF 139

RF-C 60
RI 10, 49
RISC 105
RNA 34, 102
RNAi 104
RNA pol I 81
RNA pol II 81
RNA pol III 81
RNaseH 45, 59
RNAエピジェネティクス 84
RNAオリゴ 104
RNA抗体 107
RNAサイレンシング 104, 105
RNA-タンパク質ワールド 108
RNAプライマー 56
RNA編集 84
RNAポリメラーゼ 38, 78
RNAレプリカーゼ 87
RNAワールド 108
RNPワールド 108
RNアーゼ 87
RNアーゼH 87
RNアーゼP 85, 107
RPA 59
rRNA 102, 107
RT-PCR 51
RuvB 38
R因子 134
R.コンバーグ 98

S

S1マッピング 145
SDSA 67
SD配列 113
shRNA 104
SINE 126
siRNA 104
SNF 101
snoRNA 102
snRNA 102
SOS応答 76
SOS修復 76
SSB 58, 69
SUMO 100
SWI 101
S期 63

T

T7ファージ 61
TATAボックス 81
TCR 74
TFIIB 82
TFIID 82

TFIIF 82
TFIIH 38, 82
Tiプラスミド 133, 150
TK 15
TLS 44, 75, 77
T_m 38
tmRNA 117
Tn 140
tRNA 102
*trp*オペロン 91
T抗原 38

U

Upf 116
UV 70
UvrABC 74
UvrD 74

X, Z

X-gal 148
Xist 106
XP 74
X染色体不活化 106
Znフィンガー 94
Z型 34

あ

アーキア 4
アーバー 47
アイソアクセプターtRNA 112
青白選択法 148
アガロース 143
アグロバクテリウム 133
亜硝酸塩 71
アダプター分子 112
アテニュエーター 82
アニーリング 36
アニール 67
アプタマー 103
アベリー 23
アミノアシルtRNA 110
アミノアシルtRNA合成酵素 112
アミノプテリン 15
アラビノースオペロン 90
アルキル化 69
アルキル化剤 71
アンチコドン 110, 112
アンチセンスオリゴ法 104
アンバーコドン 111

い

イオン 10
イオン結合 12
異化 14

索　引

鋳型　41
鋳型鎖　79
移行シグナル　119
維持メチル化　129
1遺伝子1酵素説　28
遺伝　2
遺伝暗号　109
遺伝コード　28, 109
遺伝子　17, 28
遺伝子組換え作物　153
遺伝子組換え実験　147
遺伝子組換え生物　154
遺伝子クローニング　150
遺伝子座　18
遺伝子刷り込み　130
遺伝子ターゲティング法　153
遺伝子地図　24
遺伝子ノックアウト　153
遺伝子ノックダウン　104
遺伝子ファミリー　124
遺伝子変換型　67
遺伝的組換え　24
イニシエーター　56
インターカレート剤　39
インテグラーゼ　68, 138
イントロン　85

う，え

ウイルキンス　33
ウイルス　2
ウイロイド　107, 132
ウエスタンブロッティング　146
エイムステスト　72
栄養要求性変異株　72
エキソン　85
エクシジョナーゼ　68, 138
エタノール沈殿　143
エネルギー代謝　15
エピゲノム　130
エピジェネティクス　20, 130
エレクトロポレーション　149
塩基　30
塩基化学修飾　84
塩基除去修復　74
塩基性分子　13
塩基対　34
塩基配列　34
エンハンサー　92, 94
エンハンソーム　97

お

応答配列　94
オーカーコドン　111

オートクレーブ　6
オートファジー　120
オートラジオグラフィー　144
岡崎フラグメント　58
岡崎令治　57
小川英行　77
オゾン層　71
オパールコドン　111
オペレーター　89
オペロン　89
オリゴヌクレオチド　32
オリゴマー　11
折りたたみ　118
オルソログ　124
穏和なファージ　136

か

開始コドン　111
開始前　78
ガイドRNA　104
解糖系　15
カイ配列　66
回文配列　48
解離　67
核　8
核酸　13
核小体　87
核内受容体　96
加工済み遺伝子　45
化合物　10
カタボライト抑制　92
活性酸素種　72
株　6
カペッキ　66
カルス　153
カルタヘナ法　154
間期　63
還元型補酵素　15
寒天　7

き

偽遺伝子　122
基質特異性　14
起点認識因子　63
キナーゼ　64
機能性RNA　28
基本転写因子　82
基本転写装置　97
キメラ　152
逆遺伝学　28
逆転写酵素　45, 62, 68, 126
ギャップ　74
キャップ依存的翻訳開始　113

キャップ構造　84, 117
吸エルゴン反応　14
共通配列　80
共有結合　10
局在化シグナル　119
キラー因子　132
ギルバート　51
キレート試薬　46

く

クエン酸回路　15
組換え　27, 65
クランプ　60
クランプローダー　60
繰り返し配列　122
グリコシラーゼ　74
クリック　29, 33
グリフィス　23
グルコース効果　92
クレノー断片　44
クローン　14
クロマチン　8, 22, 99, 106, 127
クロマチン形成因子　129
クロマチンリモデリング因子
　　　101, 129

け

形質　2
形質転換　23
形質導入　139
欠失変異　27
ゲノミクス　126
ゲノミックライブラリー　151
ゲノム　28, 121
ゲノムインプリンティング　130
ゲル電気泳動　143
原核生物　4
原子　10
原子量　10
元素　10
限定分解　84, 118
顕微注入　152

こ

コアクチベーター　97
コア酵素　80
コアヒストン　100, 127
高エネルギー物質　14
交差型　67
合成依存性アニーリング　67
校正機能　43
酵素　14
抗体染色　146
高頻度組換え菌　135

高分子　11
酵母　8
コード　28, 29, 109
コード鎖　79
コーンバーグの酵素　43
五界説　4
古細菌　4, 5
コザック配列　113
個体識別　51
コドン　28, 109
コドンの縮重　111
コドンの揺らぎ　112
コピア　126
コピー数　132
コファクター　97
コラーナ　110
コリシン　133
コリプレッサー　97
コロニー　8
コンセンサス配列　80
コンピテント細胞　149

さ

サーマルサイクラー　50
細菌　5
細菌類　4
サイクリック AMP　92
細胞　3
細胞質遺伝　19
細胞周期　63
細胞内共生説　5
細胞培養　9
サイレントな変異　27
サザンブロッティング　144
殺菌　6
雑種　17
サテライト DNA　123
サプレッサー tRNA　27, 115
サプレッサー変異　27
サンガー　51
酸化的リン酸化　15
散在性反復配列　123
酸性分子　13

し

シアノバクテリア　4
シータ型複製　55
紫外線　70, 76
色素性乾皮症　74
シグナルペプチド　118
シグマ型複製　55
シグマサイクル　80
シクロブタンピリミジン

二量体　69
自己スプライシング　85
自己増殖能　2
脂質　13
シス　25
シスエレメント　89
シス・トランス相補性テスト　25
シストロン　26
雌性配偶子　19
次世代シークエンサー　51, 127
ジデオキシ法　51
ジャイレース　60
ジャコブ　89
シャペロン　118
シャルガフ　33
臭化エチジウム　39, 144
重合分子　11
終止コドン　111
修復　73
修復合成　74
縦列反復配列　123
出芽酵母　8
純系　17
小サブユニット　113
小分子 RNA　104
情報高分子　13
除去修復　74
真核細胞　8
真核生物　4
新規メチル化　129
ジンクフィンガー　94
人工染色体　135
真正細菌　4

す

水素イオン　12
水素結合　12
水素結合切断試薬　38
スタール　53
ステムループ構造　35, 37, 82
ストリンジェント型　133
スプライシング　85
スプライソソーム　86
スミス　47

せ

制御 RNA　28
制御コード　28
制限エンドヌクレアーゼ　47
制限酵素　47
制限―修飾　47
制限地図　48

性線毛　134
切断地図　48
狭い溝　34
セレノシステイン　116
全ゲノム修復　74
線状 DNA　39
染色体　127
染色体説　22
選択的スプライシング　86
選択マーカー　148
セントラルドグマ　29
セントロメア　62, 127

そ

相互組換え　66
増殖　2
相同組換え　65, 135
挿入配列　140
挿入変異　27
相補　25
相補群　25
相補性　34
疎水性相互作用　12
損傷耐性　77
損傷乗り越え合成　44
損傷乗り越え修復　75

た

ターミネーター　82, 91
体細胞変異　27
大サブユニット　113
代謝　13
対数増殖期　7
耐性因子　134
耐性決定因子　134
耐性伝達因子　134
大腸菌　6, 131
耐熱性 DNA ポリメラーゼ　50
対立遺伝子　17
対立形質　17
多形マーカー　127
多剤耐性因子　134
脱アミノ　69
ダブルノックアウト細胞　154
単鎖切断　69
タンパク質　13
タンパク質キナーゼ　98
タンパク質スプライシング　118

ち

チェイス　23
チミジンキナーゼ　15
チミン二量体　69
中心命題　29

索　引

超高速シークエンサー　51, 127
直接修復　73

て

低分子　11
テータム　28
デオキシリボース　30
転写翻訳共役　87, 119
テミン　45, 126
デルブリュック　21
テロメア　62, 127
テロメラーゼ　62
転移　69
転移酵素　124, 140
転換　69
電気泳動　143
電気穿孔法　149
電子　10
電子伝達系　15
転写　78
転写開始　78
転写共役修復　74
転写終結　78
転写伸長　78, 83
転写制御因子　94
転写補助因子　97
転写翻訳共役　119
テンプレートスイッチ　76
テンペレートファージ　136
点変異　27
電離放射線　71

と

糖　13
同位元素　10
同化　14
同義コドン　111
動原体　127
特殊形質導入　140
毒性ファージ　136
独立の法則　18
突然変異　26
トポイソメラーゼ　40, 60
ドメイン　94
トランス　25
トランスオミクス　127
トランスクリプトーム　127
トランスジェニック生物　152
トランススプライシング　85
トランスの因子　89
トランスフェクション　149
トランスポゼース　68, 124, 140

トランスポゾン　20, 67, 105, 124, 140
トランス翻訳　117
トリプトファンオペロン　91

な, に

ナンセンスコドン　111
二次元電気泳動　147
二次抗体　146
二重鎖切断　69
二重らせん　34
ニック　39, 44
ニックトランスレーション　44
二本鎖切断修復　67
尿素　38
ニレンバーグ　109

ぬ

ヌクレアーゼ　46
ヌクレオシド　31
ヌクレオソーム　100, 127
ヌクレオチド　15, 31
ヌクレオチド除去修復　74
ヌクレオチド類似物質　72

ね, の

ネイサンズ　48
ネオマイシン耐性遺伝子　149
稔性　134
粘着末端　48
ノーザンブロッティング　144
ノックアウトマウス　66
ノックイン　153
ノンストップ mRNA　117

は

ハーシー　23
ハーシュコ　120
バイオインフォマティクス　147
配偶子　17
培地　7
ハイブリダイゼーション　37
ハイブリッド　37
バクテリア　4
バクテリオファージ　136
発エルゴン反応　14
発現クローニング　151
ばらつき試験　21
パラログ　124
パルス・チェイス実験　57
伴性遺伝　18
反復配列　122
半保存的複製　53
ハンマーヘッド型リボザイム　107

ひ

ビードル　28
光修復　73
非コード RNA　28, 102
ヒストン　127
ヒストンアセチル化酵素　97
ヒストンコード　29, 101
ヒストンシャペロン　129
ヒストン脱アセチル化酵素　98
ヒストンテイル　100
非相同組換え　65
非相同末端結合　67, 75
ヒポキサンチン　15
標識 DNA　49
ピリミジン塩基　30
ピリミジン二量体　69
微量注入　152
ビルレントファージ　136
広い溝　34

ふ

ファージ　21, 136
ファイアー　104
ファン・デル・ヴァルス力　12
封じ込めレベル　155
フェノール抽出　143
複製　53
複製開始前複合体　63
複製起点　54
複製時修復　75
複製中間体　139
複製の泡　54
複製のフォーク　57
複製の目　54
複製ブロック　75
複製前複合体　63
複対立遺伝子　18
不対合塩基　75
復帰変異　27
物理地図　48
負の超らせん　39
普遍形質導入　139
プラーク　136
プライマー　42
プライマーゼ　87
プライモソーム　56
プラス―マイナス法　51
プラスミド　20, 132
プラスミドの増幅　134
プリブノウボックス　80
プリン塩基　30
プレート　8

索　引

フレームシフト　116
フレームシフト変異　114
不連続複製　58
ブレンダー実験　24
プローブ　49, 144
プロテアソーム　119
プロテオーム　127, 147
プロファージ　137
プロモーター　80
不和合性　133
分子　10
分子量　11
分離の法則　17
分裂酵母　9

へ

ヘアピン構造　82
平滑化　46
閉環状DNA　39
ベクター　132, 147
ヘテロクロマチン　128
ヘテロ接合体　18
ヘテロデュプレックス　37
ヘリカーゼ　38
ヘリックス−ターン−ヘリックス　94
ヘリックス−ループ−ヘリックス　94
変異　3, 27
変異原性　72
変性　36

ほ

放射性同位元素　10
ホスファターゼ　50
母性遺伝　19
母性効果遺伝子　20
ホモ接合体　18
ポリA鎖　84
ポリA付加シグナル　83
ポリアクリルアミド　144
ホリー　112
ポリシストロニック　89
ポリシストロニック転写　79
ポリソーム　115
ホリデイ構造　67
ポリヌクレオチドキナーゼ　50
ポリメラーゼスイッチ　60
ポリユビキチン鎖　120
ボルチモア　45, 126
ホルミルメチオニン　114
ホルムアミド　38
ホロ酵素　80

翻訳　112
翻訳開始因子　114
翻訳伸長因子　115

ま, み

マイクロインジェクション　152
マイクロサテライト　123
マイトファジー　120
膜結合性リボソーム　118
マクサム・ギルバート法　51
マクリントック　125
末端繰り返し配列　125
末端問題　61
マリス　50
ミトコンドリア　8
ミニサテライト　123
ミュータント　26

め, も

メセルソン　53
メチラーゼ　47
メチル化　99
滅菌　6
メッセンジャーRNA　109
メディエーター　82
メロー　104
免疫蛍光染色　146
免疫沈降　146
メンデル　17
メンデル遺伝　18
メンブレンフィルター　144
モーガン　24
モチーフ構造　94
モノ　87
モノシストロニック転写　78
モルホリノオリゴ　104

や, ゆ

薬剤耐性遺伝子　140, 149
融解温度　38
有機物　11
ユークロマチン　128
優性の法則　17
雄性配偶子　19
誘導物質　90
遊離リボソーム　118
ユニーク配列　122
ユビキチン　100, 120
ユビキチン−プロテアソーム経路　120

よ

溶菌サイクル　137
溶菌斑　136
溶原化　137

溶原菌　138
揺動試験　21
抑圧変異　27, 116
抑制補助因子　91
読み枠　113
弱い相互作用　12

ら, り

ラージフラグメント　44
ライオニゼーション　106
ライセンス化　57, 64
ラギング鎖　57
ラクトースオペロン　89
ラン藻類　4
リアニーリング　36
リーダー配列　118
リーディング鎖　57
リードスルー　116
リコーディング　115
利己的DNA　141
リソソーム　120
リファンピシン　56
リボース　30
リボース-5-リン酸　15
リボザイム　85, 103, 107
リボスイッチ　107
リボソームRNA　102
リボソーム結合配列　113
リボソーム粒子　112
リボヌクレアーゼ　87
リポフェクション　150
リラックス型　133
リンカーヒストン　128
リン酸基　31
リン酸ジエステル結合　32

る, れ

ルリア　21
レギュロン　93
レダバーグ　139
レトロウイルス　45, 126
レトロトランスポゾン　67, 126
レプリケーター　56
レプリコン　54
レプリソーム　60
連環　40
連鎖　24

ろ, わ

ロー依存性　83
ローズ　120
ローリングサークル型複製　55
ワトソン　33

著者略歴
田　村　隆　明
（た　むら　たか　あき）

1952年	秋田県に生まれる
1974年	北里大学衛生学部卒業
1976年	香川大学大学院農学研究科修士課程修了
1977年	慶應義塾大学医学部助手
1986年	岡崎国立共同研究機構基礎生物学研究所助手
1991年	埼玉医科大学助教授
1993年	千葉大学理学部教授
2017年	定年退官，医学博士

主な著書
「基礎分子生物学」（東京化学同人，2007年，共著）
「コア講義　分子生物学」（裳華房，2007年，単著）
「コア講義　生物学」（裳華房，2008年，単著）
「分子生物学　イラストレイテッド」（羊土社，2009年，共著）
「しくみからわかる　生命工学」（裳華房，2013年，単著）
「大学1年生の　なっとく！生物学」（講談社，2014年，単著）

コア講義　分子遺伝学

2014 年 11 月 25 日　第 1 版 1 刷発行
2020 年 10 月 30 日　第 2 版 1 刷発行
2022 年 3 月 30 日　第 2 版 2 刷発行

検印省略

定価はカバーに表示してあります。

著作者	田　村　隆　明
発行者	吉　野　和　浩
発行所	東京都千代田区四番町 8 - 1
	電　話　03-3262-9166（代）
	郵便番号 102-0081
	株式会社　裳　華　房
印刷製本	株式会社　真　興　社

一般社団法人
自然科学書協会会員

JCOPY 〈出版者著作権管理機構 委託出版物〉
本書の無断複製は著作権法上での例外を除き禁じられています。複製される場合は，そのつど事前に，出版者著作権管理機構（電話03-5244-5088，FAX03-5244-5089，e-mail: info@jcopy.or.jp）の許諾を得てください。

ISBN 978-4-7853-5230-1

ⓒ 田村隆明，2014　　Printed in Japan

田村隆明先生ご執筆の書籍

しくみからわかる 生命工学

田村隆明 著
Ｂ５判／224頁／2色刷／定価 3410円（税込）

医学・薬学や農学，化学，そして工学に及ぶ幅広い領域をカバーした生命工学の入門書．厳選した101個のキーワードを効率よく，無理なく理解できるように各項目を見開き2頁に収め，豊富な図で生命工学の基礎から最新技術までを詳しく解説する．

【目次】序章-1 生命工学の全体像　序章-2 歴史が教える生命工学の意義　1. 生命工学の基礎［1］：細胞，代謝，発生，分化，増殖　2. 生命工学の基礎［2］：遺伝子と遺伝情報　3. 核酸の性質と基本操作　4. 組換えDNAをつくり，細胞に入れる　5. RNAとRNA工学　6. タンパク質，糖鎖，脂質に関する生命工学　7. 組成を変えた細胞や新しい動物をつくる　8. 医療における生命工学の利用　9. 一次産業で使われるバイオ技術　10. 生命反応や生物素材を利用・模倣する　11. 環境問題やエネルギー問題に取り組む　終章　私達が生命工学を利用するときに，生物や人間との関係において注意すべきこと

コア講義 生化学

田村隆明 著
Ａ５判／208頁／2色刷／定価 2750円（税込）

分子生物学の隆盛によりさらなる発展を遂げた生化学．この双方に精通した著者による，新しい生化学の入門書．【目次】生化学の成り立ち／生化学の基礎／糖質／脂質と細胞膜／アミノ酸とタンパク質／核酸と遺伝子／生体化学反応の触媒：酵素／糖質の代謝／脂質の代謝／窒素化合物の代謝／エネルギーを取り出す：ATPの合成／光合成／遺伝情報の取り出し／タンパク質の合成／生理化学：神経，筋肉，ホルモン作用

コア講義 分子生物学

田村隆明 著
Ａ５判／144頁／定価 1650円（税込）

多岐にわたるトピックスをバランスよく14章にまとめた．【目次】生物の特徴と細胞の性質／分子と生命活動／遺伝や変異にはDNAが関与する／DNAの複製，変異と修復，組換え／転写／翻訳／染色体は多様な遺伝情報を含む／細胞の分裂，増殖，死／発生と分化／細胞間および細胞内情報伝達／癌：突然変異で生じる異常増殖細胞／健康維持と病気発症のメカニズム／細菌とウイルス／バイオ技術：分子や個体の改変と利用

コア講義 生物学

田村隆明 著
Ａ５判／208頁／3色刷／定価 2530円（税込）

生物学のエッセンスを網羅し，これからの生命科学や応用技術分野へとつなげる基礎力を養うための教科書．【目次】1. 生物の種類　2. 遺伝と遺伝子　3. 細胞とそこに含まれる物質　4. DNA複製と細胞の増殖　5. DNAにある遺伝情報を取り出す：遺伝子発現　6. 次世代個体を誕生させる：生殖と発生・分化　7. 生命を支える化学反応　8. 動物の器官　9. 多細胞生物個体の統御　10. 外敵の侵入とその防御　11. 植物の生き方　12. 生物の集団と生き方　13. 生物の進化　14. 先端バイオ技術と社会とのかかわり

医療・看護系のための 生物学（改訂版）

田村隆明 著
Ｂ５判／192頁／4色刷／定価 2970円（税込）

生物学が扱う幅広い領域の中でも，医療系に必須の「生物の原則」基礎生物学と「ヒトに関する基本」基礎医学を大きな柱として解説し，延べ200校以上の学校でご採用いただいた教科書の改訂版．【目次】1. 生物学の基礎　2. 細胞　3. 体を構成する物質　4. 栄養と代謝　5. 遺伝とDNA　6. 遺伝情報の発現　7. 細胞の増殖と死　8. 生殖，発生，分化　9. 動物の組織　10. 動物の器官　11. ホルモンと生体調節　12. 神経系　13. 免疫　14. 微生物と感染症　15. 生命システムの破綻：癌と老化　16. バイオテクノロジーと医療

裳華房ホームページ　https://www.shokabo.co.jp/